The Principle of

Solution Engineering

ソリューションエンジニアの教科書

山口 央・著

本書内容に関するお問い合わせについて

このたびは翔泳社の書籍をお買い上げいただき、誠にありがとうございます。弊社では、読者の皆様からのお問い合わせに適切に対応させていただくため、以下のガイドラインへのご協力をお願い致しております。下記項目をお読みいただき、手順に従ってお問い合わせください。

●ご質問される前に
弊社Web サイトの「正誤表」をご参照ください。これまでに判明した正誤や追加情報を掲載しています。

正誤表　https://www.shoeisha.co.jp/book/errata/

●ご質問方法
弊社Webサイトの「書籍に関するお問い合わせ」をご利用ください。

書籍に関するお問い合わせ　https://www.shoeisha.co.jp/book/qa/

インターネットをご利用でない場合は、FAX または郵便にて、下記“翔泳社 愛読者サービスセンター”までお問い合わせください。
電話でのご質問は、お受けしておりません。

●回答について
回答は、ご質問いただいた手段によってご返事申し上げます。ご質問の内容によっては、回答に数日ないしはそれ以上の期間を要する場合があります。

●ご質問に際してのご注意
本書の対象を超えるもの、記述個所を特定されないもの、また読者固有の環境に起因するご質問等にはお答えできませんので、予めご了承ください。

●郵便物送付先およびFAX番号

送付先住所　〒160-0006　東京都新宿区舟町5
FAX番号　03-5362-3818
宛先　(株)翔泳社 愛読者サービスセンター

※本書の内容は、本書執筆時点(2023年8月)の内容に基づいています。
※本書に記載されたURL等は予告なく変更される場合があります。
※本書の出版にあたっては正確な記述につとめましたが、著者や出版社などのいずれも、本書の内容に対してなんらかの保証をするものではなく、内容や画面イメージに基づくいかなる運用結果に関してもいっさいの責任を負いません。

はじめに

本書を手に取っていただき、誠にありがとうございます。本書では、近年需要が急速に拡大しているソリューションエンジニアリングについて解説しています。

顧客の課題に合わせた適切なソリューションを提案し、顧客のビジネスを成功へと導くことは、全てのサービス提供者に求められる重要なスキルです。課題に即したソリューションを提供するためには、まず課題を深く理解することが出発点になります。

私は長年IT業界に所属しており、過去15年以上にわたりソリューションエンジニアリングに携わる中で、多くの失敗を経験してきました。失敗の内容は様々ですが、今振り返ってみると相手を深く理解することを怠って自分の都合で提案を進めていたことが、全ての失敗に共通していると感じています。

過去の同僚や上司の言動、関連する書籍の内容から推測すると、この失敗要因は私だけではなく、ソリューションエンジニアリングに携わる全ての人に共通しているのではないかと感じています。

昨今はデジタルテクノロジの進化と共に顧客の課題も複雑化し、課題を分解・構造化することが困難になってきています。そのため、自社内の人員だけで自社の課題を深く理解することが難しくなってきました。

こうした背景から、特定領域の技術と顧客のビジネスに精通したソリューションエンジニアと呼ばれる、技術的な側面から営業をサポートする職種が重要になってきたのだと感じています。

欧米には『Great Demo!』※1や『Mastering Technical Sales』※2のような、デジタルやクラウドの世界におけるソリューションエンジニアリングについて体系化された書籍が存在しますが、日本語で記載された書籍は少ないように感じています。

本書では、ソリューションエンジニアリングが重要視されるようになった背景やパラダイムシフト、モデルアプローチの良し悪しについて述べます。これらの背景やパラダイムシフトを踏まえて、ソフトウェア開発などのエンジニアリング職からソリューションエンジニアにキャリアチェンジする際に心得ておくべき鉄則を紹介します。

できるだけ分かりやすく具体的に説明できるよう、便宜上、本書ではソリューションエンジニアが取り扱うソリューションをサイバーセキュリティソリューションSaaSとします。また、ソリューションエンジニアが所属する企業を「ベンダ」、ベンダ以外のパートナーを「サービスプロバイダ」と記載します。

本書を通じて、多くの方がソリューションエンジニアリングの本質と具体的なアプローチを学ぶきっかけになれば幸いです。

2023年8月　山口 央

謝辞

本書執筆にあたり、日々私に新たな気づきを与え続けていただいているお客様およびパートナー様、同僚や家族に感謝いたします。

Contents
目次

付属データのご案内

本書の付属データとして各節末に掲載した「本節のまとめ」の内容を、翔泳社のサイトにてExcelファイル（.xlsx）で提供しています。

下記URLにアクセスし、Webページに記載されている指示に従ってダウンロードしてください。

https://www.shoeisha.co.jp/book/download/9784798181332

付属データのファイルは.zipで圧縮しています。ご利用の際は、必ずご利用のマシンの任意の場所に解凍してください。

◇注意

※ 付属データに関する権利は著者および株式会社翔泳社が所有しています。許可なく配布したり、Webサイトに転載したりすることはできません。

※ 付属データの提供は予告なく終了することがあります。あらかじめご了承ください。

◇免責事項

※ 付属データの内容は、本書執筆時点の内容に基づいています。

※ 付属データの制作にあたり正確な記述につとめましたが、著者や出版社などのいずれもその内容に対してなんらかの保証をするものではなく、内容やサンプルに基づくいかなる運用結果に関してもいっさいの責任を負いません。

Chapter 1

ソリューションエンジニアリングとは

1.1 買うことは売ることより難しい

課題解決策の組み立て

本書執筆時点で、「ソリューションエンジニア」や「セールスエンジニア」といった職種を、LinkedInなどのビジネスSNSを通じた求人媒体でよく目にするようになりました。

元々は外資系ベンダで一般的なタイトルでしたが、最近では日本電気（NEC）やKDDIをはじめとした日本のサービスプロバイダでも募集されている職種になってきました。こうした動きは、それだけ技術的なバックグラウンドをビジネス開発に活かせる人材が市場に求められている証だと感じています。

根本的な課題を探り当てて解決策を組み立てる

昨今はデジタルテクノロジの進化に伴い顧客の課題も複雑化し、課題を分解・構造化することが困難になってきています。結果、自社内の人員だけで自社の課題を深く理解することが難しくなってきました。

自社内の人員も、Z世代と呼ばれる多様な考え方や価値観を持った世代が台頭してきて、これまでの慣習や過去の成功にすがっていては、組織としての合意形成には至りません。

こうしたことを背景に、目や耳に入る表面的な事象をより多角的に捉えながら、課題の本質を突き詰めることが顧客にとって重要になってきました。多角的に捉えるためには特定領域の専門性と顧客に対する理解が不可欠です。

ソリューションエンジニアリングとは、顧客の根本的な課題を探り当てて解決策を組み立てることと本書では定義します。

課題を解決できることが前提

「ITの所有から利用へ」が謳われ始めて十数年が経過し、SaaSを筆頭に○○ソリューションと呼ばれるITサービスが雨後の筍のごとく誕生するようになってきました。

これらのサービスには一般消費財と本質的には変わらない差別化が困難なもの(例：クラウドストレージ、Web会議システム)から、ある特定のビジネス領域に特化した鋭利なものまで(例：データセキュリティポスチャマネジメント)、様々なものが存在します。

どのようなカテゴリのソリューションであっても、顧客の課題を解決できて初めてソリューションと呼べることには違いありません。顧客の課題を解決できなければそれはソリューションではなく、ただのテクノロジサービスです。

セキュリティソリューションの例

ここで顧客の課題を改めて掘り下げてみます。顧客の課題とは経営層が抱えるものから現場レベルの技術課題まで様々です。業種や業態、事業の成熟度や規模によって、各々の課題も細分化されます。

経営層になれば、売上や利益目標を達成して株主の期待に応えなければなりません。しかし、現実には人・物・金の質と量が潤沢でなく、同業他社との差別化も困難で、目標を達成するための見通しが立たないといった課題があるでしょう。

現場レベルであれば、例えば利用しているセキュリティツールが多過ぎて運用コストが高くなり、自社の資産を守るといった本来の目的を遂行することが困難になっているといった課題が存在します。

この課題は、例えば、クラウドセキュリティポスチャマネジメントと呼ばれるSaaSソリューションを導入することで、複数のセキュリティツールの乱立による運用負荷の高騰を解決できるケースがあります。これは顧客の具体的な課題を解決するソリューションと言えます。

課題とは放置しておくと損失に繋がること

本書では、顧客の課題を、経営層や現場レベルといった区分けはなく、放置しておくと組織としての損失に繋がることと定義します。

個々の部門や個人で持っている悩みや希望があったとしても、それらが明確な損失に繋がることが証明できないのであれば、課題とは言えません。

クラウド運用チームの例

例えばクラウド運用チームが、自社が利用しているクラウド環境でどんな資産を管理しているかを把握できていなくて困っているとします。資産を把握できないとどんな脅威にさらされているのか予測することすらできない、といった課題を抱えているはずです。

ITテクノロジに感度が低い経営層からしたら、安易に「そんなの人手で調べてExcelにまとめればよいのでは」といったソリューションを思いつくかもしれませんが、クラウド環境で管理される資産はダイナミックに変化するため人手で調べることは至難の業です。

セキュリティチームの例

サイバー攻撃の驚異も深刻な問題です。サイバー犯罪者は企業の重要資産を不正に搾取し、それらを闇市場で販売したり相手企業を脅迫したりして金銭的な利益を得ることを目的にしています。

自社が利用しているクラウド環境上にどんな資産が管理されていて、日々どんな攻撃を受ける可能性があるのか、または既に攻撃を受けているのかといったことを把握できていないと、適切な対策を打つことはできません。その結果、サイバーセキュリティの事故に遭う確率は格段に高くなることは想像に難くありません。

これがランサムウェアのような悪質な事故であれば、被害額は天文学的な数字にのぼるはずです。この例は典型的なセキュリティチームの課題と言えます。

課題発掘が全ての出発点

先に、課題を解決できることがソリューションの前提であると述べました。つまり、課題発掘が全ての出発点になると言えます。

しかしながら、顧客はある特定領域の専門性を持っているわけではありません。例えばサイバーセキュリティの領域では、サイバーセキュリティフレームワークのような、攻撃者から自社の資産を守るために各フェーズで検討すべきテーマを体系化した枠組みがあります。

多くの顧客はこういった枠組みや考え方に対する知見が乏しく、何が自社の課題なのかを深く理解してそれらの解決策を体系化することができずに困っているケースがほとんどです。

端的な言葉で表現する

人は誰しも各々が異なる事情や悩みを抱えています。顧客も大なり小なり人の集まりのため、顧客各々が異なる事情や悩みを抱えているはずです。

また、表現方法や他人への伝達方法は人によって様々です。十数年前まではEmailやPowerPoint、Wordといったツールを使って、文章や図表を用いて自分の考えを他人に伝えながら、相手に何らかの行動を促すことが一般的でした。SNS全盛の昨今ではSlackのようなチャットツールやnoteのようなブログプラットフォームを利用して、自分の考えを短い文章で表現できるようになりました。

いずれのツールやプラットフォームを利用するにせよ、誰が見たり聞いたりしても誤解が発生しない端的な言葉で表現することが大切です。

先に述べたとおり、顧客はある特定領域の専門性を持っているわけではありません。顧客によっては、自社の重要資産を把握すること（サイバーセキュリティフレームワークの「識別」）が策を決めるための出発点であることを理解せず、闇雲にソリューションを探すかもしれません。

「エンドポイントセキュリティソリューションを導入しようと考えています。御社のSaaSソリューションにはエンドポイントのメモリを保護する機能はありますか？」といった、唐突な質問を投げてくる顧客も少なくありません。

「エンドポイントのメモリを保護する機能」だけでは、サーバやコンテナの仮想メモリ空間の暗号化のことなのか、ファイルレスマルウェアの検出のことなのかどちらにも取れてしまいます。各々の意味合いは全く異なります。

唐突な言葉を一つ一つ紐解いて、顧客の真意を表す意味のある言葉で表現することが課題発掘の第一歩です。顧客の言葉だけでなく、顧客の表情や仕草に正面から向き合いながら、端的な言葉で表現して双方の共通言語としてまとめることは、ソリューションエンジニアの重要な責務の一つです。

原因を探る

顧客の悩みを端的な言葉で表現して双方にとっての共通言語ができたら、次のステップはその悩みの原因を探ることです。

全ての物事には原因があります。根本的な原因を探ることなく、表面的な事柄をもとに解決策を模索したとしても、根本的な解決策にはなりません。『完訳 7つの習慣 人格主義の回復』※1で謳われている、「処方する前に診断する」と同じ発想です。患者さんの症状ではなくなぜそのような症状が発症しているのか？ を探ることで、適切な処方ができます。

顧客がWebで公開している外部情報を事前に調査して、悩みの背景や原因と思われることを自分自身の仮説としてまとめておいて、その仮説をもとに顧客に質問をしながら根本原因を探ります。

根本的と思われる要因が特定できたら、初めに作った双方にとっての共通言語を修正します。この作業を繰り返すことで共通言語の質が向上してより本質的な課題に着目できるようになります。

この時点では、どのようにやるか？ は一旦置いておくことがポイントです。顧客は誰しも自社にとっての最適解を探しています。特にある特定領域の専門性を持っていない人や組織は、一足飛びに自分の都合のよい見解や結論を持ち出す傾向があるので、注意が必要です。

影響を定義

顧客の悩みの根本的な原因を探ることができて、双方にとっての共通言語をより意味のあるものに修正できたら、その悩みを放置した場合の影響を定義します。

先に、課題とは放置しておくと組織としての損失に繋がることと定義しました。仮に顧客の根本的な課題を探り当てることができたとしても、その課題を解決しなければならない明確な理由付けができなければベンダのビジネスにはなりません。

顧客は自社にとって利点がないことに時間も労力もお金も割くことはないため、課題を放置した場合の負の影響をより具体的に定義することが大切です。定量化できれば尚良しです。**図1.1.1**は顧客の課題・原因・影響の例です。

課題	自社で運用しているクラウド環境に、どの程度重要な資産があって、その資産が不正に搾取された場合のビジネスインパクトを把握できていない
原因	クラウド環境は様々な職責や目的を持つユーザによって、APIやGUIを介して設定・管理され、常に状態が変化し、管理されている資産や各々の重要度も常に変化するため
影響	貴社は、社会基盤を支える先端技術を扱っている業態につき、設計情報など、秘匿性の高い情報がサイバー攻撃により流出してしまった際の社会的なインパクトは甚大

図1.1.1　顧客の課題・原因・影響の例

課題の解決策を検討する

課題・原因・影響を端的な言葉で文書化できたら、自社のSaaSソリューションでその課題を解決できるかどうかを精査します。課題・原因・影響が明確になっても、自社のSaaSソリューションで解決できなければ顧客にとってはソリューションになりません。

一般的に課題を解決するための策はSaaSソリューション以外にもあって、コンサルティングファームを含むサービスプロバイダは、特定のSaaSソリューションに依存しない課題解決策を提案するケースがあるかと思います。

本書では、ソリューションエンジニアが取り扱うソリューションはSaaSソリューションと定義しているため、ここで検討する策はSaaSソリューションに限定します。

ユースケースを把握する

ソリューションエンジニアにとって大切なことは、自社のSaaSソリューションのユースケースを正確に把握しておくことです。ユースケースとは、顧客が日々経験する実際のビジネスシーンにおいて、どんな活用方法があるのかを顧客目線で定義した活用例です。

自社のSaaSソリューションが提供するユースケースと、発掘した顧客の課題を突き合わせて、それらの課題をどのユースケースで解決できるかを精査します。

精査の結果、顧客の課題や探しているビジョンと細かなギャップはあるものの、ユースケースに該当して概ね解決できると判断したら、デモや実証実験で具体的な課題解決の方法を顧客と共有します。**図1.1.2**はクラウドネイティブアプリケーションプロテクションプラットフォーム(CNAPP)のユースケースです。

CSPM	クラウド環境の設定ミスを検出して各々を優先順位付けする
CWPP	幅広いワークロードのリスクを検出する
DSPM	ストレージに暗号化されずに保管されている機密情報を検出する
CI/CD Scan	CI/CDツールと連携してソフトウェア成果物のリスクを検出する
API Security	クラウド環境のAPIやドメインのリスクを検出する
Container	Container管理ツール～Imageまでリスクを検出する
Threat Detection	マルウェアや不正な振る舞いを検知してSOC担当者に通知する
Vulnerability	ゼロデイを含む最新の脆弱性を検出する
Compliance	NISTやISOなど、標準のフレームワークに則って不正を検出する
Inventory	柔軟な検索ロジックでクラウド環境の資産を詳細に把握する

図1.1.2　CNAPPのユースケース

ユースケースはほぼ無限

本書執筆時点で、私はサイバーセキュリティソリューションのSaaSベンダに所属していて、業界や同業の動向はLinkedInを中心とした各種SNSやメディアで得ています。私が現在LinkedInでフォローしているサイバーセキュリティ関連企業は800社以上あります。

個々のベンダが持つSaaSソリューションは複数のユースケースを持つことがほとんどで、ユースケースは膨大な数になります。SaaSソリューションは日々新しい機能が開発されてはリリースされることを繰り返すため、顧客から見たユースケースはほぼ無限と言っても過言ではありません。

サイバーセキュリティの市場だけでもクラウドセキュリティ、エンドポイントセキュリティ、ネットワークセキュリティ、アイデンティティセキュリティ、アプリケーションセキュリティ、データセキュリティなど、ありとあらゆるカテゴリが日進月歩の速さで生まれています。

つまり、顧客から見たら同一領域だけでこれだけのソリューションの選択肢が存在するということです。これだけの膨大な選択肢から、特定領域の専門家でない顧客が自社にとってのベストなソリューションを選定することは至難の業です。

顧客は信頼できる理由を探している

顧客が自社にとって必要なユースケースを理解して、それらのユースケースを実現できる最適なソリューションを選定して買うこと。これは売り手が見込み顧客に売ることよりはるかに難しいことと言えるのではないでしょうか。

ベンダが自社のソリューションが最も素晴らしいことを謳った競合ソリューションとの比較資料を持ち出して、顧客に自社のソリューションの契約を促すシーンは、実際のセールスの現場でよく見られる光景です。私はこのアプローチ自体は否定しませんが、これは多くの顧客にとってあまり重要なことではないかと考えています。

顧客は、ソリューションの差別化要因よりも、ベンダやサービスプロバイダを信頼できる理由を探しているからです。信頼できるかできないかの要素は、個々の顧客によって異なりますが、相手の課題に向き合う姿勢や態度は、多くの顧客にとって、信頼できるか否かを判断する共通の要素かと思います。

自社のソリューションが最も素晴らしいと述べるのは当たり前のことで、当たり前のことを謳っていても、顧客の信頼を失うだけです。

自社が顧客の課題を最も深く広く理解している、その課題に適したソリューションを提供することができる、要件に対する細かなギャップはあるがサービスプロバイダと共同でそのギャップを埋める策を準備している。このようなアプローチを取ることで、顧客の信頼を勝ち取ることができるのではないでしょうか。

本節のまとめ

1. ソリューションエンジニアリングとは顧客の課題解決策を組み立てること。
2. 課題発掘が全ての出発点。課題を理解していなければソリューションにはならない。
3. 課題とは放置しておくと組織としての損失に繋がること。
4. 課題・原因・影響を端的な言葉で定義して双方の共通言語とする。
5. 膨大な選択肢から決めることは至難の業。買うことは売ることより難しい。
6. 顧客はあなたを信頼してよい理由を探している。

1.2 ソフトウェア開発とセールスの共通点

相手の期待に応える

ソフトウェア開発のプロジェクトで最初に行うことは、最終的なエンドユーザがどんなペルソナで何を求めているのかを調査して、調査結果をもとに開発プロジェクトの全体像をイメージすることです。

全体像をイメージできたらプロトタイプ案をまとめて、実装するために必要なエンジニアリングリソースや期日を整理して、各スプリントで実施するタスクを決定します。

セールスのプロジェクトも同様で、最初に行うことはどんな業種や特性の顧客に注力するのかを、営業担当者をはじめ関係者間でディスカッションしながら決定することです。

サイバーセキュリティSaaSの例

サイバーセキュリティSaaSソリューションであれば、直近の数年で甚大なインシデントを経験してしまった顧客は感度が高く、関連するSaaSソリューションへの積極的投資を検討しているケースが考えられます。このような特性を持つ顧客は、注力する対象になります。

また昨今ではランサムウェアと呼ばれる、悪質なマルウェアの事故も増えてきています。これは顧客の重要資産を、悪意を持って暗号化して、復号のために多額の金銭支払いを要求するというものです。

ランサムウェアによるインシデントを経験してしまった顧客は、マイクロセグメンテーションのような、仮にランサムウェアのインシデントが起きてしまっても被害を最小化できるソリューションを期待していると思われます。

このように、ソフトウェア開発とセールスの最も端的な共通点は、相手の期待に応えることだと言えます。期待に応えるためには具体的に何をなぜ期待しているのか、相手の状況をできるだけ広くかつ素早く理解することが大切です。

ゴールから考える

私がソフトウェアエンジニアリングに携わり始めた駆け出しの頃は、同じプロジェクトチームの先輩の助言や実際に作成されたコードをもとに、見様見真似で開発作業に没頭していました。当時は現在のようなリモートワークはできなかったため、毎日オフィスに出社して、朝から晩までPCに向かって格闘していた記憶があります。

作業に没頭する中でふと、「この開発作業っていったい何のためにやっているのかなぁ？ そもそもこのソフトウェア開発プロジェクトのゴールって何だっけ？」と疑問に思うことがよくありました。

ソフトウェア開発だけでなく、何らかの作業に没頭し過ぎてしまうと本来の目的を見失ってしまうことがあるかもしれません。この節では『地頭力を鍛える』※2で提唱されている「結論から」「全体から」「単純に」の、「結論から」に倣って、ゴールから考えるアプローチを掘り下げてみたいと思います。

ゴールから考えることで無駄を省くことができる

ソフトウェア開発の根源的なゴールは、ソフトウェアで実装された機能を約束した期日までにリリースすることです。これはいかなる開発プロジェクトでも同じです。

セールスのゴールは、特定の期間に決められた売上や利益の目標値を期間内に達成することです。目標値は期が始まる前に株主やその他の関係者間で合意決定しています。ソフトウェア開発のゴールと根本的には変わりません。

ソフトウェア開発でも、実装する具体的な機能や期日を常に意識して開発作業を計画／実行しないと、ゴール達成と直接関係のない無駄な作業に時間と労力を割いてしまう可能性が高くなります。

これはセールスでも同じです。目標値に対して絶対的なパイプラインの数が足りていないときでも、個人的な関係性だけを頼りに知り合いの顧客とのミーティングを重ねて商談化を狙う営業担当者は多いかもしれません。私はこのアプローチ自体は賛成です。人と人の関係はとても大切だからです。

ただし、絶対的なパイプラインの数を増やすことはゴール達成には不可欠です。知り合いの顧客とのミーティングに注力するより、不特定多数の全く知らない見込み顧客層に向かって、事例紹介のEmailを一斉送信したりする方が得策です。

最近では、見込み顧客の詳細な職務経歴や持っている興味、Emailアドレスなどの個人情報を確認できる、LinkedIn Sales Navigatorのような便利なツールを利用することで効率化を図ることも可能です（**図1.2.1**）。個人の関係に極端に頼ってしまうのは、自分の過去の経験を美化し過ぎていると考えられます。

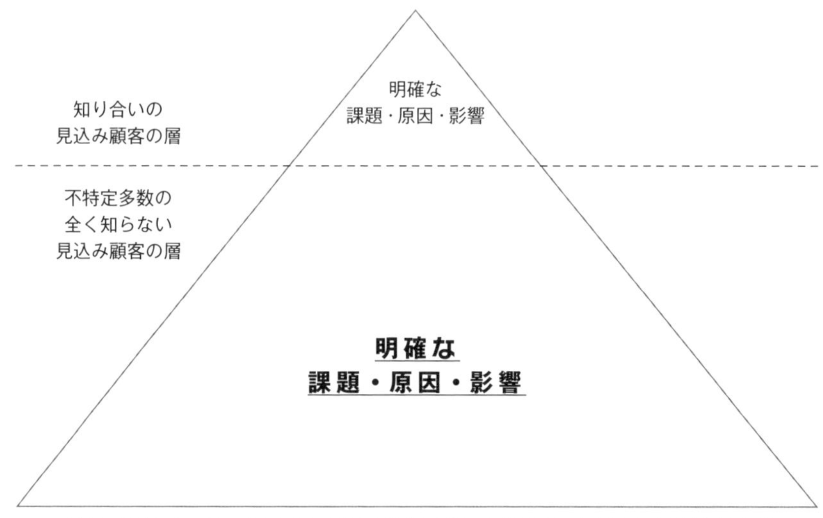

図1.2.1　見込み顧客の層

ゴール達成の阻害要因を予め洗い出す

営業担当者は、現在の商談パイプラインの中に、下記の事項に該当するパイプラインがどれだけあるかを把握します。

1. 見込み顧客の課題が明確で意思決定者が課題を認めている
2. ○○までに実証実験を終わらせて実証実験が成功したら、月額□□万円の発注を△△までに行うことを顧客と書面で合意している

一般的には、目標値に対して3倍のパイプラインが必要と言われています。この場合、上記に該当するパイプラインが目標値に対して3倍あれば安全と考えてよいということになります。

ソリューションエンジニアは、「実証実験が成功したら」に着目すべきです。仮に100%失敗しそう、または部分的には達成できそうだけど重要なポイントが達成できそうにない場合、営業担当者のゴール達成へのシナリオが崩れてしまいます。

例えば、「2件以上のランサムウェアを検出すること」が実証実験の成功基準の一つになっているとします。先に述べたとおり、ランサムウェアは顧客の重要資産を悪意を持って暗号化し、復号と引き換えに多額の金銭支払いを要求するマルウェアです。被害は拡大しているものの、実証実験の期間内かつ商談相手の顧客側でランサムウェアを検出する確率は低いです。

このような場合は、成功基準を「2件以上のマルウェアを検出すること」と修正します。「マルウェア」とすれば、影響は比較的軽微かつよく感染しているウォームやトロジャンも含まれるため、検出の可能性が高くなります。

ソフトウェア開発でも、ビジネスロジックを実装する前にテストコードを実装することで、ビルドやリリースなど、後続のフェーズに進む前に潜在的なバグを潰すことができると思います。考え方はセールスでも同じです。

ゴール達成に必要な利害関係者を把握してまとめる

先の例で「1. 見込み顧客の課題が明確で、意思決定者が課題を認めている」に該当しているパイプラインが潤沢でないケースを考えてみます。このケースは、そもそも課題が不明確、課題は明確だが意思決定者が課題を認めていない、の二つに分けられます。

前者の場合は、先に触れた課題・原因・影響の枠組みに則って課題を明確化する必要があります。課題(放置しておくと組織としての損失に繋がる)が明確になっていないと、どれだけデモや実証実験を行ったとしても契約まで至ることはありません。

後者の場合は現場担当者と意思決定者の間に認識の違いがあると考えられます。これは私個人の感覚ですが、サイバーセキュリティのインシデントは他人事で、自社には起こりづらいと考えている意思決定者が一定数はいると感じています。

現場担当者が、サイバーセキュリティのインシデントによる被害は甚大で今すぐ対策すべきだと認識していても、意思決定者は「今やらなくてもよいのでは?」と認識しているケースは少なくありません。

このようなケースの場合、ソリューションエンジニアは現場担当者および意思決定者と三位一体となって共通認識を持つことができるよう、適切な言葉でセールスのプロジェクトを管理する必要があります。**図1.2.2**は、利害関係者の課題と関連性をまとめた例です。

クラウド運用チーム・A氏の課題

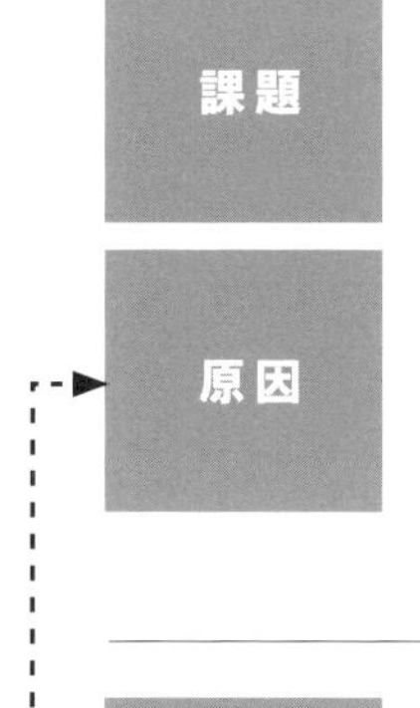

自社で運用しているクラウド環境に、どの程度重要な資産があって、その資産が不正に搾取された場合のビジネスインパクトを把握できていない

クラウド環境は様々な職責や目的を持つユーザによって、APIやGUIを介して設定・管理され、常に状態が変化し、管理されている資産や各々の重要度も常に変化するため

ソフトウェア開発チーム・B氏の課題

開発した機能をいち早く市場に投入して、競合のSaaSソリューションベンダとの差別化を図りたいが、ソフトウェア成果物にどんな脆弱性が潜んでいるのか把握する術がない

原因

ソフトウェア開発チームは、新しい機能を実装・投入することだけに集中するため、ソフトウェア成果物に潜んでいるであろう脆弱性に無頓着になりがち

図1.2.2 利害関係者の課題と関連性

ストーリーを組み立てる

アジャイルソフトウェア開発の現場で生成される成果物の一つに「ユーザストーリー」があります。ソフトウェアで実装される機能によって、エンドユーザが体験することを端的に記載した文書です。ソフトウェアエンジニアは、それらのユーザストーリーに沿って具体的な機能を、プログラミング言語を駆使して実装します。

セールスの現場でもゴール（特定の期間に決められた売上や利益の目標値を期間内に達成すること）を達成するためのストーリーが不可欠です。ここでは便宜的に、ある特定の商談クローズまでのストーリーに絞って掘り下げます。

商談クローズまでのステップ

一般的に、商談クローズまでに**図1.2.3**のステップを辿ります。

以降、これらのステップを序盤・中盤・終盤に分けて整理します。

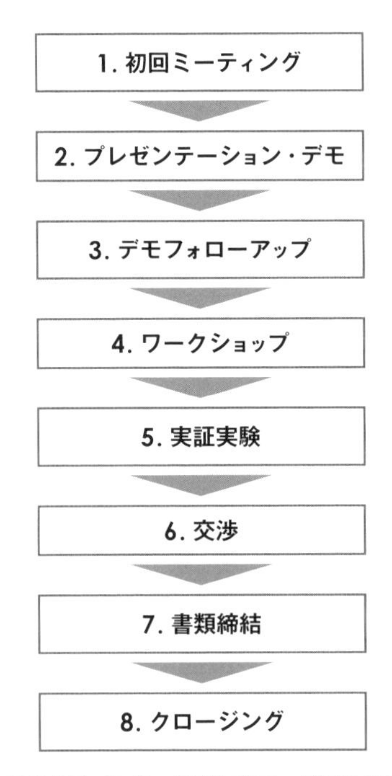

図1.2.3　商談クローズまでのステップ

序盤：初回ミーティング～プレゼンテーション・デモ

初回ミーティングの最も大きな目的は、前節で述べた課題の発掘と次のステップへ進むことに対しての、顧客の合意を得ることです。繰り返しますが、課題を理解していないとソリューションにはなりません。

1回のミーティングで先に触れた課題・原因・影響まで深掘りすることは難しいため、初回ミーティングだけでなく後続のステップでも常に課題の深掘りを意識することが大切です。

プレゼンテーション・デモは、顧客がベンダの姿勢や力量を測る最初の機会になるため、ベンダにとっては大切なステップです。「三つ子の魂百まで」はセールスの現場でも当てはまります。

プレゼンテーション・デモは、「Do the last thing first!」が鉄則です(『Great Demo!』※3で提唱されているスローガン)。ベンダによるプレゼンテーションやデモは、顧客の貴重な時間を奪っています。顧客の課題に直接関係のない細かな機能のプレゼンテーションやデモに付き合うことは、顧客にとっては苦痛以外の何ものでもありません。

開始前にプレゼンテーション・デモの目的と内容を顧客と合意しておき、いざプレゼンテーション・デモが始まったら「こんな話、興味ないんだよなぁ」といった感情を持たれないことが重要です。**図1.2.4**はプレゼンテーション・デモの構成サンプルです。

本日の目的

貴社が漠然と不安に感じている内容を具現化して適切な次のステップを決定する

トピックス

- ✔ SaaSソリューション概要ご紹介、これまでの実績(5分、営業担当・A氏)
- ✔ クラウドセキュリティの実態(5分、ソリューションエンジニア・B氏)
- ✔ 弊社のSaaSソリューションのポイント(10分、ソリューションエンジニア・B氏)
- ✔ ビジョン形成デモ(5分、ソリューションエンジニア・B氏)
- ✔ これまでに実施された策と結果(30分、セキュリティチーム・C氏)
- ✔ 次のステップ(5分、出席者全員)

図1.2.4　プレゼンテーション・デモの構成サンプル

中盤:デモフォローアップ～実証実験

中盤は技術的な内容が主なテーマになるため、商談クローズまでのステップの中でソリューションエンジニアの手腕を最も発揮できる局面です。

まずは初回のデモに対する顧客のフィードバックを収集します。事前に期待していたものと相違はなかったか、期待値に達していたかあるいは期待外れだったか、といったことを顧客からヒアリングします。

ここで大切なのは、顧客側にベンダの事情を理解してくれている人を持っておくことです。相手にとってネガティブな内容はなかなか言いづらいものです。本当は期待外れの内容だったけれど、ベンダに「デモの内容はいかがでしたか?」と聞かれると、「まあ良かったですよ」のような当たり障りない回答をする人が多いかもしれません。

顧客側に、どんなことも包み隠さずフィードバックをくれる人を持っておくことで、表面的なフィードバックに惑わされることなく現実的なストーリーを描くことができます。最も大切なことは事実をもとにストーリーを描くことです。

フィードバックを受けたら、その理由とフォローアップの対策を真摯な姿勢で検討することが大切です。顧客は、デモの段階で明確なビジョンを持っていない場合も多いです。自分の中に明確なビジョンがない状態でデモを見ても、混乱してしまうケースもあるでしょう。

そのような場合は、ある一定期間の時間を設けて、SlackやEmailで、デモにて発生した技術的な確認事項に関するQ&Aを実施して、顧客のビジョンを明確にしながら、実証実験にてさらに詳細なビジョンを確立するように促すと効果的です。

実証実験に進むことを顧客と合意したら、実証実験の目的と前提条件、タスクと各々の期日についても実証実験開始前に合意します。

本書では「実証実験」と記載していますが、一般的にはProof of Concept(PoC)と呼ばれています。私は、PoCというのはあいまいな言葉で、多くの顧客が、PoCとは、SaaSソリューションを無償で利用しながら機能を学習するプロジェクトと誤認していると感じています。

本来、PoCとは、顧客が持っている課題解決のビジョンや概念が正しいことを、実際のSaaSソリューションを利用して実証すること、つまり実証実験です。

一般的に、実証事件は1カ月程度の比較的長期のプロジェクトで、ベンダ側・顧客側にもまとまった時間と労力を要します。顧客の学習目的で実証実験を行ってしまうと、顧客・ベンダ双方が膨大な時間と労力を費やした結果、課題解決のビジョンや概念が正しいことを証明できずに終わる可能性が高くなります。

ソリューションエンジニアは、実証実験開始前に、実証実験の目的を明確に定義して顧客と合意するように意識すべきです。

終盤：交渉～クロージング

実証実験が成功したらセールスをクロージングし、シナリオは一旦完結します。終盤は、営業担当者が主導することがほとんどです。ソリューションエンジニアの役割は営業担当者が描いているシナリオに沿って、個々の活動を技術的な側面でフォローすることです。

顧客は、契約目前になるとリスクに敏感になります。あるベンダのソリューションを契約する方向で社内稟議を進めていく中で、契約することで発生しうるリスクを洗い出し、それらを詳細に調査しながら契約によって発生しうるリスクを最小化しようと努めます。

ソフトウェア開発のプロジェクトでも、大きな変更があったときや新機能のリリース前後は、CI/CD（実装したソフトウェアの機能を自動的にクラウド環境に配備するツール）の中で発見しきれなかったセキュリティの脆弱性やバグに敏感になり、セキュリティチームはリリース前後に特別体制を敷くケースがあります。顧客の心象はこれと同じです。

下記はセールスの終盤で顧客が敏感になるテーマの例です。

1. これまでの日本市場や同業他社での導入実績
2. 契約後のサポート体制
3. 新機能のロードマップ

1は最もよくあるテーマの一つです。これは顧客がベンダに、ベンダの力量を公式に証明してほしいと求めている証と言えます。このテーマには深入りし過ぎないことも大切です。理由はシンプルで、過去と未来は違うからです。実績はあくまで過去のもので未来を保証するものではありません。

2について敏感になっているのは、ソリューション自体は評価しているものの、実際に使い始めてからのベンダ側のサポート品質に不安を感じているケースがほとんどです。カスタマーサクセスチームの責任者から直接顧客にサポートサービスの詳細を説明して、顧客の不安を払拭することが有効です。

3について敏感になっているケースは、実証実験は成功したものの細かな要件は満たせていないことの示唆かもしれません。ソリューションエンジニアは自社の製品開発部門と連携して、今は要件を完全には満たせないが近い将来リリースする新機能で多くの要件を満たせることを顧客に説明して安心してもらう必要があります。

1は、特に外資系のベンダにとっては頭の痛いテーマです。日本市場に参入してきたばかりで、日本では未だ実績がないとしたら、ベンダ側は顧客に「日本では実績は未だありません」と言って、海外の実績を説明するしかありません。

顧客によっては、海外の実績には見向きしないケースもあるかもしれません。確かに日本と海外は商習慣も言語も異なります。同時に、抽象化された本質まで辿ると、日本と海外の共通点も見えてくると思います。

例えば、20年以上前に開発されたアプリケーションが現在もオンプレミス環境で稼働していて、それらをクラウド環境に移行してより柔軟なIT環境を整備したい顧客は多いと思います。しかしながら、海外のデータ規制の影響を受けるクラウド環境には、簡単にアプリケーションを移行できない顧客は、日本だけでなく海外にも多数います(**図1.2.5**)。

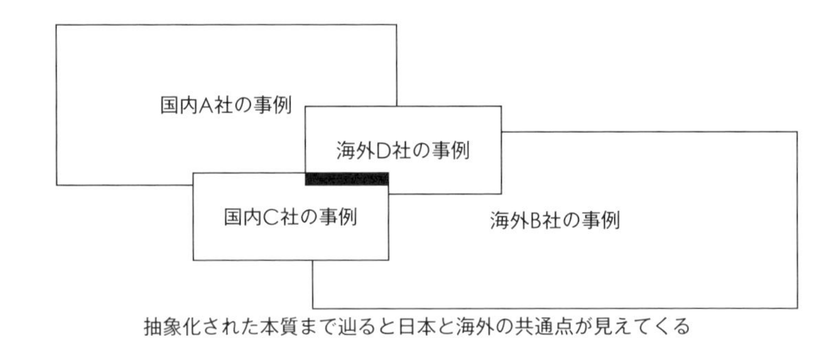

図1.2.5　違いではなく共通点に着目する

このような課題を持っている海外の顧客に対して、クラウド環境からオンプレミスまで、一気通貫でデータセキュリティ規制をチェックすることで、顧客の課題を解決した実績を持っているとしたら、同様の課題を持っている日本の顧客に対しても参考事例になるはずです。

フィードバックを受けて継続的に改善する

無事セールスをクローズできて、顧客はベンダのソリューションを利用した課題解決のプロジェクトを開始します。顧客にとってはここからが本当のスタートです。

ソフトウェア開発のプロジェクトも、機能をリリースしたらエンドユーザからのフィードバックを受け、新たなバージョンや新しい機能を継続的にリリースしていきます。セールスも同じで、クローズした後も顧客から継続的にフィードバックを受け、セールスの質を継続的に改善すべきです。

人は完璧ではありません。仮にセールスをクローズできたとしても、顧客の課題発掘のための会話や、デモや実証実験の進め方に改善点がないということはありません。顧客の声に真摯に耳を傾けて常に改善の意識を持つことが、競合ベンダとの差別化や顧客のビジネスの成功に繋がります。

本節のまとめ

1. ソフトウェア開発もセールスも目的は相手の期待に応えること。
2. ゴールから考えることで無駄を排除する。
3. 事実をもとにストーリーを描く。見聞きしたくないことも含めて真摯に受け取る。
4. 人は誰しも目前になるとリスクに敏感になる。
5. 完璧なソフトウェア開発もセールスもない。継続的な改善を。

1.3 必要なスキルセットとマインド

技術スキル

先に、ソリューションエンジニアリングとは、顧客の根本的な課題を探り当てて解決策を組み立てることと述べました。ある特定領域の技術スキルがなければ、課題を探り当てることも解決策を組み立てることもできません。技術スキルはソリューションエンジニアにとって必須のスキルセットです。

習得は長い時間をかけてじっくりと

技術スキルは一朝一夕に身につくものでもありません。長い年月をかけて習得するしかありません。私もソリューションエンジニアリングに携わり始めたばかりの頃は技術スキルに乏しく、顧客の言っていることや考えていることを正確に理解できず苦労していました。

顧客の言っていることや考えを正確に理解できなければ、当然、根本的な課題を探り当てることも解決策を組み立てることはできません。

しかし、顧客にとっては、1人のソリューションエンジニアが技術スキルを持っているかいないかなど関係ありません。顧客はベンダとしての対応を期待しているので、自分に技術スキルが足りないと感じている間は、技術スキルを持っている周りの同僚や上司の助けを借りながら、チームとして顧客対応する必要があります。

効率よく習得するための法則

周りの助けを借りながら、同時に自己の技術スキル習得のために自らの時間と労力を割くことが大切です。書籍『Modern Cyber security :

Tales from the Near-Distant Future』※4の中ではサイバーセキュリティの理想的な学習モデルとして、70/20/10の法則が述べられています。これはサイバーセキュリティ以外の領域でも応用できます。

学習の70%は実際の経験から得られるとされています。ソフトウェア言語のコーディングスキルも、自分自身の時間と労力を割いて実際にコーディングを行うのと、GitHub上の他人が書いたコードを読んでいるのでは、習得できるスキルの深さが全く異なります。

提案書や企画書などの公式文書作成スキルも同じです。実際の顧客向けのプロジェクトを通じて自分自身で公式文書を作成して顧客に説明することを経験するのと、Web上に掲載されている提案書や企画書のテンプレートを眺めているだけとでは、習得できる文書作成スキルのレベルには雲泥の差が出ます。

実務経験だけが学びの場ではない

実際に経験できるか否かは、人によりまちまちです。実際に仕事を通じて経験できないのであれば、他人から技術スキルを習得するのも手です。『MODERN CYBERSECURITY』によると、学習の20%は他人から得られるとされています。

GitHubに公開されている他人が書いたコードを読んだり、自分の環境で動かしてみたり、気づいたことをコメントして開発者当人や世界中のソフトウェア開発者と会話することで、「なるほど、そういう考えもあるのか」といった新たな気づきを得ることもできます。

10%の学びは形式ばったものから得られるとされています。これは、具体的には技術書の読み込みやトレーニングコースへの参加が代表的な方法です。ある特定領域の書籍やトレーニングコースは、その領域に興味を持っている多数の人をカバーできるように体系化されているため、最短時間である程度の技術スキルを習得できるメリットがあります。

しかし、これらは書籍の執筆者やトレーニングコースの開発者の考えを追体験しているだけのため、受け身の姿勢でいると自分自身の頭を使って考えていないことになりかねません。「なぜそう言えるのか?」といった自分自身の考えや疑問を持ちながら、読み込んだり受講したりすることが大切です。

図1.3.1は70/20/10学習モデルの例です。

	例	長所と短所
70	✔ ソフトウェアのコーディング ✔ 提案書や企画書の作成	✔ 深いスキルを習得できる ✔ 経験できることは限定される
20	✔ サンプルコードのテスト ✔ 技術ブログやデモ動画を投稿してコミュニティで議論	✔ 新たな気づきを得ることができる ✔ まとまった時間が必要で実務とのバランスが難しい
10	✔ 集合研修への参加 ✔ 書籍や技術白書の読み込み	✔ スキルを持っている人の経験を追体験できる ✔ 受け身になりがち

図1.3.1　70/20/10学習モデルの例

傾聴スキル

ソリューションエンジニアリングにおいて、傾聴スキルは最も大切なスキルの一つです。**1.1**で課題を理解することが全ての出発点と述べました。課題を理解するためには傾聴スキル（＝相手の本心を理解するスキル）は不可欠です。

傾聴はアクティブな行為

傾聴とは読んで字の如く、自分の耳をアクティブに相手の言葉に傾けることです。相手の言っていることの表面的な部分のみを聞いて無条件に同意したりうなずいたりすることとは全く異なります。

先に触れたとおり、顧客はある特定領域の専門性を持っているわけではありません。自分自身が置かれた状況や悩みの原因を理解できず、困っている顧客がほとんどです。特定領域の専門性を持った相手に話を聴いてもらい、根本的な原因を探ることを期待しています。

顧客の話を聞いているだけで都合よくうなずいていたり、「あれ、おかしいな?」と感じているのに分かった振りをして話をまとめてしまったりしてはいけません。自分の意識を100%顧客の言葉や仕草に集中させて、言葉の真意や背景に着目すべきです。

無知の知の姿勢が大切

私個人も、長年傾聴スキルを思うように習得できず、顧客や周囲の同僚と信頼関係を築くことができず苦労してきました。今振り返ってみると、多くの原因は驕りにあったと思います。

ソフトウェアエンジニアリングでもソリューションエンジニアリングでも、ある程度経験を積むと特別意識しなくてもできることが増え、日々の業務を短時間でこなせるようになります。周囲の同僚や上司からもそれなりに評価され、「私ってできる人なのかな?」と思うことは誰にでもあることでしょう。

多くの人にとって、「私ってできる人なのかな?」と思うことは、傾聴スキルの習得を阻む、厚い壁になります。「無知の知」を常に意識して、顧客の言葉に真摯に耳を傾けることで信頼関係を築きましょう。

本節のまとめ

1. 技術スキルは必須のスキルだが一朝一夕に身につくものではない。長い時間をかけてじっくりと。
2. 70/20/10の法則を意識して効率よく技術スキルを習得することが大切。実務で経験できなくても他人から学ぶこともできる。
3. 傾聴スキルは最も大切なスキルの一つ。「自分は何も知らない」ことを常に意識する。

COLUMN

ハイコンテクスト文化とローコンテクスト文化

傾聴と、ハイコンテクスト文化・ローコンテクスト文化の違いは大きな関連性があると感じています。

日本を含むアジア諸国はハイコンテクスト文化で、感覚や価値観といったコンテクストがコミュニケーションにおいて重視されるとされています。

一方、北米や西欧はローコンテクスト文化で、言語のみがコミュニケーションにおいて重視される傾向にあるとされています。個々人の感覚や価値観は二の次で、端的に話されたり書かれたりする言語が最も重要とされます。

日本では暗黙の了解が好まれる傾向にあると感じています。私個人も、顧客との会話の中で「あれ、おかしいな?」と感じても、その場の空気からおかしいと思ったことを顧客に質問できず、分かった振りをして話を進めてしまった経験が数え切れないほどあります。

それによって、商談の中盤以降になって顧客が求めていることとベンダが提案しようとしていることのギャップが明らかになってしまい、結果的に顧客や同僚に迷惑を掛けてしまいました。そのまま商談が破談になってしまったケースも少なくありません。

ハイコンテクスト文化が悪いわけでも良いわけでもありません。しかし、ビジネスは文化だけを重視して進めるものでもありません。「あれ、おかしいな?」と感じたら、「すみません、今の部分、分からないところがあるのでもう一度確認させてください」と前置きして、顧客に遠慮なくはっきり質問しましょう。

Chapter 2

セールスのプロセス

2.1 エンゲージメントの準備

セールスのプロセス

Chapter2では、セールスのプロセスを定義して各々のフェーズでソリューションエンジニアが担う役割とポイントを整理します（**図2.1.1**）。既に**1.2**で商談クローズまでのステップについて触れていますが、この章ではより大きな枠組みで捉えて説明します。

1. エンゲージメントの準備
   - 事前の調査
   - 相手の責任範囲を確認
   - 仮説の立案
2. 顧客課題の発掘
   - 顧客へのヒアリング
   - 資格の有無を確認
3. デモ
   - 課題解決の証明
   - ビジョンの形成
4. 実証実験
   - 課題解決の概念が正しいことを実証
5. クロージング
   - 契約条件の最終合意
   - 営業担当者の後方支援
6. カスタマーサクセス
   - 顧客の期待管理と解約の回避

図2.1.1　セールスのプロセス

事前の準備が大切

マーケティング担当者やインサイドセールス担当者が見込みの商談を一定の基準でふるいに掛けて、基準をクリアしたものが商談として認定され、営業担当者やソリューションエンジニアが顧客と相対して課題解決策を探ります。この一連の活動を本書では「エンゲージメント」と呼びます。

何事も準備が大切であるのと同じで、エンゲージメントも準備が大切です。顧客とのミーティングがエンゲージメントの第一ステップかと思われがちですが、準備こそが第一ステップです。一般的には下記のポイントで商談や顧客の情報を調査します。

- ☑ 顧客の業種・組織・売上規模・役員構成などの基本情報
- ☑ 顧客のクラウドやセキュリティ対策のプロジェクト事例
- ☑ インサイドセールス担当者との会話内容

顧客の基本情報

1.1で顧客の課題を掘り下げることが大切と説明しました。課題を掘り下げるためには、顧客のことを可能な限り事前に理解しておくことが不可欠です。

読者の中には、顧客の業種・組織・売上規模・役員構成などの基本情報は、技術を担当するソリューションエンジニアには不要とのご意見を持つ方もいるかもしれませんが、全ての物事は繋がっています。顧客の基本情報を理解することはソリューションエンジニアにとっても大切です。

顧客の基本情報を調査するにあたってのポイントは、事実を収集することです。特に、SNS上の情報には注意が必要です。誰かが意図的に操作した虚偽の情報も含まれるからです。そうした正確ではない情報をもとに仮説検証をしても、顧客の課題を深掘りすることはできません。

顧客が自社のサイトで公開している投資家向け情報（IR情報）は、正確な内容が掲載されていると考えられます。SNS上の情報に先立ってIR

情報を調査し、それらの内容をもとに仮説を立て、ミーティングで顧客に質問する内容を予め整理しておくことで、より効果的なミーティングを実現できるでしょう。

顧客のプロジェクト事例

多くのベンダは契約金額の値引き条件として、事例化値引きを設けています。これは、顧客が事例化の公開に応じれば、通常値引きよりさらに深い値引きでの契約を約束することです。

SaaSソリューションを利用した業務改革に積極的な顧客はWeb上にプロジェクト事例を公開していることがあり、これらの事例を事前に調査することで顧客の状況や課題を推測することができます。特に自社が取り扱うSaaSソリューションと同等領域のプロジェクト事例は、顧客がそれらの領域で何らかの失敗を既に経験していることが高いと考えられます。

公表している事例は成功についてしか触れていないことがほとんどですが、失敗は成功のもとです。成功の裏には何らかの失敗があるはずなので、自社が取り扱うSaaSソリューションと同等領域のプロジェクト事例から、失敗や現在の課題を推測することができると思います。

インサイドセールス担当者との会話内容

一般的にベンダ側にはマーケティング担当者とインサイドセールス担当者がいます。マーケティング担当者が商談化の可能性が高いと認定した見込み商談を、インサイドセールス担当者が一定の基準でふるいに掛けます。一定の基準はベンダによりまちまちですが、BANTと呼ばれるフレームワークが有名です。

本書ではBANTの詳細な説明については割愛しますが、BANTは次の観点で見込み顧客がSaaSソリューションへの投資に対してどの程度真剣かを測ります。

- ✔ 予算を持っているか？ 現場担当者個人の思いで進めていないか？
- ✔ 最終承認者がいてそれは誰なのか？
- ✔ 課題は何か？ それは組織として損失に繋がるものか？
- ✔ 導入時期はいつか？

インサイドセールス担当者が上記の観点で顧客と明示的な会話を持っていて、その会話の結果、インサイドセールス担当者が商談と認定しているかどうかは、その後のセールスのプロセスを成功させるために極めて重要です。

一般的に、ベンダ組織によってインサイドセールスの評価指標は異なります。ベンダ組織によっては、BANTのようなフレームワークでヒアリングするかどうかは重要ではなく、単に顧客とどれだけミーティングを設定できるかが、インサイドセールス担当者の評価指標になっているケースもあるようです。

このような場合、インサイドセールス担当者は顧客が本当にSaaSソリューションに投資する気があるかはヒアリングせず、とりあえずミーティングの約束を取り付けることに集中するはずです。

本気でSaaSソリューションに投資する気を持っていない顧客とのミーティングに、営業担当者やソリューションエンジニアが時間と労力を割くことは絶対に避けなければなりません。そのミーティングが無駄になるだけでなく、課題を持っていて真剣にSaaSソリューションを探している顧客との機会損失にも繋がります。

インサイドセールス担当者と顧客の会話内容を鵜呑みにすることなく、ソリューションエンジニア自ら会話の詳細を確認する姿勢が大切です。

ミーティングの相手は誰か？

ミーティングで会う相手の立場と責任範囲を事前に把握しておくことも大切です。顧客も大なり小なりの組織です。ミーティングで実際に会う人も何らかの組織に属していて、何らかの責任を持っているはずです。相手の立場や責任範囲を理解しないまま、ミーティングの目的や主題を検討していても的外れなミーティングの準備になってしまいます。

ソフトウェア開発部門担当者の場合

ここでは、ミーティングの相手が顧客組織のソフトウェア開発部門担当者の場合を想定してみます。ソフトウェア開発の根源的なゴールは、ソフトウェアで実装された機能を約束した期日までにリリースすることです。相手はリリースに追われていて、サイバーセキュリティのことなど頭にないかもしれません。

クラウド環境はソフトウェアで実装されたデータセンターのため、クラウド環境に潜んでいる脆弱性の大半がソフトウェア開発の過程で生まれています。ソフトウェア開発を担当している相手に、自分の日々の活動がクラウド環境の脆弱性を生んでいることの気づきに繋がるようなことを伝えると、効果的かもしれません。

相手が「そんなこと承知していますよ。でもどうしたらよいのか分からなくて……」といった悩みを持っていることも推測できます。このケースでは、相手がスタティックアプリケーションセキュリティテスティングや、CI/CDパイプランスキャンニングのような、自動セキュリティ対策のユースケースを潜在的に欲しているかもしれません。

SOC部門担当者の場合

ミーティングの相手がSOC（Security Operation Center）部門担当者の場合はどうでしょうか。SOC部門の大きなミッションの一つは、重大なセキュリティインシデントに繋がりそうな兆候を察知して、実際のセキュリティインシデントが発生する前に対策を施し、セキュリティインシデントの発生を最小化することです。

クラウド環境は様々な職責の人がGUIやAPIを介して操作するため、日々状態がダイナミックに変化します。ダイナミックに変化する過程で意図しない設定ミスが発生してしまい、設定ミスが原因で攻撃者が不正にマルウェアを仕掛けたり、ユーザアカウントを乗っ取ったりすることが日常的に発生しています。

このようなケースは、ミーティングの相手がクラウド環境の設定ミスを事前に把握して対策するユースケースを探していることも推測できます。場合によっては、さらにもう一歩踏み込んで、設定ミスを複数のクラウド環境にまたがって対応するユースケースを欲していることも推測できます。

仮説はあくまで仮説

顧客の基本情報、プロジェクト事例、インサイドセールス担当者との会話内容を確認したら、その内容をもとにミーティングの目的と主題を検討します。

同時に、その目的と主題を実現するために必要なコンテンツを検討し、営業担当者やその他の社内関係者と共有してフィードバックを得ます。ここでのコンテンツとは、Google SlideやPowerPointで作成したディスカッションペーパーやSaaSソリューションのデモシナリオとします。

検証することが前提

どんなに綿密に、モレもダブりもない調査をもとに検討したコンテンツであっても、100%正解であることはありません。顧客とのミーティングの前に社内関係者と共有するミーティングを設けて、なぜそのコンテンツを検討しているか、顧客とのミーティングで何を達成しようと考えているか（つまり仮説）を説明することが大切です。

複数人の目で仮説を検証して、ソリューションエンジニア個人では気づくことができない新たな意見を得たら、それらのフィードバックをもとに社内関係者と綿密に協議してミーティングのコンテンツをブラッシュアップします。

顧客の課題発掘に焦点が当たっているか

社内関係者との協議で自分と正反対の意見が挙がり、平行線の協議が延々と続いて結論が出ないこともあるかと思います。このような場合は、論点が常に「顧客の課題発掘」にあるかどうかがポイントです。

顧客の頭の中を隈なく確認することは誰にもできません。このため、顧客がミーティングに期待していることを寸分違わず理解することは不可能です。しかし、事前の調査や社内関係者との協議により可能な限り推測することは可能です。

特に、競合ベンダはどこか？ や競合SaaSソリューションとの比較をディスカッションペーパーに盛り込んだ方がよいのでは？ といった意見が強くなってきた場合は注意が必要です。これは、「顧客の課題発掘」とは直接は関係ないからです。**図2.1.2**はディスカッションペーパーの章立て例です。

初回ミーティングの目的

事前に伺っている貴社の課題を再確認しながら課題解決のビジョンを形成する

ディスカッションコンテンツ

1. 弊社が認識している貴社の課題・原因・影響
2. 弊社のSaaSソリューションのポイント、代表的な10のユースケース
3. 貴社が課題解決に向けてこれまでに実施された策共有
4. 課題の再整理、根本的な原因は何なのか
5. 次のステップに向けて

図2.1.2 ディスカッションペーパーの章立て例

本節のまとめ

1. 何事も準備が大切。顧客は相手がどこまで準備してきたかを見ている。
2. 顧客のIRなどの基本情報、プロジェクト事例、インサイドセールス担当者との会話内容から、考えられる顧客の課題について仮説を立てる。
3. 相手の立場や責任範囲を事前に把握して、各々に適した仮説を立てる。
4. 仮説はあくまで仮説。事実をもとに検証し続けることが大切。

2.2 顧客課題の発掘

課題発掘の出発点

エンゲージメントの準備が完了したら、いよいよ顧客とミーティングを持って課題を発掘します。ミーティングは顧客との初回の対面の場になるため、エンゲージメントのプロセスの中で最も緊張する場面かもしれません。

技術的な勝利が最も根源的なゴール

ソリューションエンジニアリングの最も重要で根源的なゴールは、「技術的な勝利」です。技術的な勝利とは、顧客の課題を解決するための技術的なビジョンや要件を可能な限り詳細に定義して、それらのビジョンや要件を実現できることを証明することです。

ソリューションエンジニアが顧客とのミーティングで達成すべき最も大きなゴールの一つは、課題解決のためのビジョンや要件を定義し、それらを証明するために、エンゲージメントのプロセスで一貫してどんな言葉を発して何を見せるかを検討することです。

絶対に崩せない前提条件を意識する

顧客とのミーティングで初めに行うことは、事前に合意したミーティングの目的と主題を改めて出席者全員で確認し、目的と主題に異論がないことの確認です。そもそもの前提条件に異論があると、事前に準備したミーティングのコンテンツが台無しになってしまいます。

ソフトウェア開発のプロジェクトでも、プロジェクト開始前に実装範囲や最終的な納品物、細かな前提条件や注意事項を書面で明記して、顧客とサービスプロバイダ双方が事前に合意するかと思います。本質的な考え方は同じです。

仮に、事前に合意したはずのミーティングの目的と主題に異論が出てきたら、顧客の状況に大きな変化があり、新たな課題を発掘できるチャンスと捉えることができます。異論が出てきてもネガティブに捉える必要はありません。

多くのケースで事前の目的・主題確認は営業担当が行いますが、ソリューションエンジニアとしても事前確認を怠らないようにしましょう。チーム全体で、事前確認に意識を向けるようにすべきです。

資格がない人には証明できない

私は、セールスはチームスポーツと同じだと捉えています。チームスポーツは適切な競技資格を持った複数人の共同作業と言えます。ソリューションエンジニアリングも広義の意味ではセールスのため、チームスポーツと同じです。ソリューションエンジニアリングは顧客とベンダが共同で行うチームスポーツと言えます。

顧客側の担当者が課題を持っていなかったり、課題らしきものは持っているものの、担当者自身に行動を起こさなければならない明確な理由がなかったりする場合は、顧客もベンダもエンゲージメントを推進する資格がありません。

ミーティングの相手に資格があるかどうか、つまり、今すぐ解決すべき、放置しておくと組織としての損失に繋がることを持っているかどうかは、ミーティング中に常に意識すべき大原則です。

顧客に資格があってもベンダに資格がないケースもあります。顧客の課題と自社のSaaSソリューションのユースケースが大きくかけ離れていて、顧客の課題を自社のSaaSソリューションで解決できないケースです。このケースではエンゲージメントの撤退も視野に入れるべきです。エンゲージメントの撤退の詳細は次章以降で触れます。

潜在的な課題を掘り起こして資格を与える

Chapter1で触れたように、多くの顧客は特定領域の専門性を持っているわけではないため、何が自社の課題でどうすれば解決できるか、明確なビジョンを持っているわけではありません。漠然とした悩みはあるものの、その悩みを短い言葉で端的に表現できる顧客は少ないと感じています。

ソリューションエンジニアは、潜在的な課題を掘り起こして顧客の課題を顕在化することを常に意識すべきです。顧客の基本情報、プロジェクト事例、インサイドセールス担当者との会話から立てた仮説をもとに、相手の立場や責任範囲に応じて適切な質問を投げかけながら、相手が気づいていない潜在的な課題を掘り起こします。

相手から返ってきた返答には細心の注意を払います。発している言葉や表情、トーンまで注意深く見聞きすることで、事前の調査だけでは発見できなかった新たな情報を得ることができます。Chapter1で説明した、ソリューションエンジニアに必要な傾聴スキルが最も発揮されるシーンです。

質問と返答は構造化されるべきである

質問と返答は構造化されるべきです。『The Six Habits of Highly Effective Sales Engineers』※1で述べられている、エフェクティブディスカバリーフローを参考に、構造化されている質問・返答と、断片化されてしまっている質問・返答を比較整理してみます。

断片化されてしまっている質問・返答例

極端な表現かもしれませんが、断片化されてしまっている質問・返答の例を見てみましょう。ここでは、ミーティングの相手をSOCエンジニアリング部門の担当者と想定しています。

現在、主にお使いのクラウドサービスプロバイダはAWSですよね?

はい、GCPとAzureも使っていますがメインはAWSですね。

GCPのリージョンは東京リージョンですか?

? ええ東京リージョンですが……

GCPは東京リージョンだけでなく大阪リージョンもありますね。

……

打ち合わせ相手は、ソリューションエンジニアの「AWSがメインですか?」との質問に対して、「はい、メインはAWSです」と返答しています。相手はソリューションエンジニアに対して、この返答から派生した次の質問を期待するはずです。

かつ打ち合わせ相手は、ソリューションエンジニアは、自分がSOCエンジニアリング部門の担当者であることを、ミーティングの前から理解していると思っているはずです。恐らく、「AWSのセキュリティサービスはどんなものを利用されていますか?」や「AWSのセキュリティサービスで不便にお感じの点はどんな点ですか?」のような、自分の返答から派生した質問を期待するのではないでしょうか。

しかし、この例では「GCPのリージョンは東京リージョンですか?」と、相手が期待しているであろうこととかけ離れた質問をしてしまっていて、会話が構造化されていません。GCPの件は、AWSのセキュリティサービスに関する深掘りが一段落してから触れるべきです。

構造化されている質問・返答例

次に、構造化されている質問・返答の例を紹介します。

現在主にお使いのクラウドサービスプロバイダはAWSですよね？

はい、GCPとAzureも使っていますがメインはAWSですね。

AWSのセキュリティ対策はどうされていますか？ 恐らくAWSネイティブのセキュリティサービスをお使いなのではと……

はい、AWSネイティブのセキュリティサービスを利用しています。ただちょっと問題が……

問題とは……？ AWSネイティブのセキュリティサービスはリリースサイクルが短くて、次から次へと画期的なサービスが誕生しますよね。

ええ、画期的なのはいいんですが、使い勝手があまり良くなくて……。弊社ではGuardDutyを攻撃検知対策として利用しているのですが、検知の精度に問題を抱えています。

この例では、打ち合わせ相手から「攻撃検知対策の検知精度に課題を抱えている」と、課題を聞き出すことに成功しています。ミーティングの時間にもよりますが、この課題をさらに深掘りして、根本的と思われる原因や課題を放置した場合の影響を掘り下げます。

AWSネイティブのセキュリティサービスの課題・原因・影響が一段落したら、GCPとAzureの件に会話をシフトして、これらにまつわる課題を発掘、さらなるユースケース適用のチャンスを探ることが理想です。

COLUMN

練習でできていないことは本番でもできない

いざミーティングが始まると、事前に合意したはずのミーティングの目的と主題に異論が出るケースは少なくありません。打ち合わせ相手から、「実は別に聞きたいことがあって……」や「デモを見たいのでデモしてもらえませんか?」といった、事前に聞かされていないテーマをその場で持ち出してくる相手も一定数います。これが実態です。

その場の空気から「いや、そんなこと事前に聞かされていないのでできません」とは言えないこともあります。とりあえずその場で設定されたテーマに沿ってミーティングを進めてしまい、準備していない質問やデモの要求に場当たり的に対応し、結果、断片的な会話になってしまってその商談が破談になった経験があります。

相手から事前に合意したはずのミーティングの目的と主題に異論が出て、新たなテーマを設定された場合は、そのテーマが出てきた背景と理由をヒアリングする場にすべきです。練習でできていないことは本番でもできません。

そのミーティングではヒアリングに集中して、新たな仮説立案・検証の材料収集に集中すべきです。理由や背景を確認できた後に、次回のミーティングでデモや技術的なQ&Aを行うことを相手に約束すれば、相手の期待に応えることができるはずです。

本節のまとめ

1. ソリューションエンジニアリングのゴールは「技術的な勝利」。
2. 絶対に崩せない前提条件を常に意識する。前提条件が崩れたら新たな情報を収集して仮説立案・検証をやり直す。
3. ソリューションエンジニアリングは本質的にはチームスポーツと同じ。適切な資格(課題・理由・影響)を持っていることが大前提。
4. 質問と返答は構造化されるべきである。相手が期待している質問を推測して先回りして質問を投げかける。

2.3 デモ

デモの二つの側面

顧客の課題を発掘して、その課題を顧客側の意思決定者を含む全ての利害関係者と合意したら、自社のSaaSソリューションを利用した課題解決策をデモンストレート（証明）します。これがデモです。デモには大きく分けて二つの側面があります。

課題解決の証明

デモとはデモンストレーションの略語です。デモンストレーションとは日本語で「証明」です。デモの一つの側面は、顧客の課題を解決できることを証明することです。

顧客の課題があいまい、または顧客自身が深く理解できていなければ、それらを解決できることを証明することはできません。顧客の課題に対して深い理解がない場合は、顧客に再確認する勇気が必要です。

発掘できた顧客課題は、必ず文書化してデモに臨むべきです。文書化しておけば、デモの場で「そもそも課題って何だったっけ？」といった空気が流れたとしても、文書化された課題に戻ることで再度、課題に対する意識を高めることができます。

ソリューションエンジニアは、自社のSaaSソリューションのユースケースを常に頭に入れておき、発掘できた顧客の課題がSaaSソリューションのどのユースケースで解決できるのかを整理しておきます。

ビジョンの形成

デモのもう一つの側面に、顧客のビジョンを作ることがあります。一般論かつ私個人の意見ですが、デモの段階で顧客の課題が明確になっていて、意思決定者を含む全ての利害関係者が課題を認めているケースは稀だと思います。

繰り返しになりますが、顧客はある特定領域に対して深い専門性を持っているわけではないため、デモを見ながら自社の課題や解決に向けてのビジョンを探しているケースは少なくありません。デモの場では、デモシナリオやアクションの途中で顧客の理解や反応を窺いながら、顧客の中に明確なビジョンを作ることを意識して進める必要があります。

顧客の中に明確なビジョンはないものの、デモを行う中で顧客から断片的な質問が出てくることもあります。その質問の内容がある特定の技術にフォーカスしたものである場合は、他のソリューションベンダやサービスプロバイダが何らかのビジョン形成を主導していることのサインです。

顧客は既に別の誰かから教育を受けており、その別の誰かは商談において優位に立つためのビジョンを形成していると思われます。質問の背景や真意を注意深く聴きながら、新たなビジョンを形成しながら、自社が優位に立つための施策を検討することが求められます。

シナリオとコンテンツのバランス

デモは、シナリオとコンテンツの二つの構成要素からなっています。コンテンツとは、SaaSソリューションのUI/UXや、GitHubやVisual Studio Code、iTerm2などの周辺のツールを指しています。シナリオとは、どのように顧客の課題を解決するのか、顧客の立場になって筋道立てたストーリーのことを言います。

シナリオに主眼を置く

例えば、顧客がAWSを利用していて、クラウド環境の資産把握に課題を抱えている顧客の場合は、「クラウド環境の資産管理」が該当するユースケースになります。デモは次のようなシナリオが考えられます。

1. 初めの挨拶、ダッシュボード外観

2. AWSのAPIやストレージのスナップショットを用いたエージェントレスな資産把握のアプローチ

3. 広範なカテゴリの資産を把握(例:EC2、S3、IAMユーザ・IAMロール・IAMポリシー)

4. 検出した資産を柔軟なクエリ言語で検索

デモは、シナリオに主眼を置きながら、コンテンツとのバランスを検討することが大切です。コンテンツそのものはあくまで顧客の課題を解決するための手段や道具にしかならないため、シナリオがぶれていると、デモを見聞きしている顧客は自分事として捉えることができなくなってしまいます。

コンテンツはシナリオに沿って

大半のソリューションエンジニアは、過去にソフトウェア開発などの何らかのエンジニアリング業務の経験を持っているせいか、デモコンテンツの準備に多くの時間と労力を割く傾向があると感じています。

いくら技術的に深くて魅力的なコンテンツを準備したとしても、それが顧客の課題解決に直接関係していないと、顧客にとっては意味がありません。また、コンテンツの準備には際限がないため、コンテンツの準備にいくらでも時間と労力を費やしてしまうことには問題があます。

ソリューションエンジニアリングの根源的なゴールは「技術的な勝利」です。ソフトウェアエンジニアリングのゴールとは、根本的に異なります。コンテンツの準備に取り掛かる前にシナリオを作成し、作成したシナリオを、営業担当者をはじめとした関係者と綿密に協議することが先です。

プロダクトツアーは誰も望んでいない

『Great Demo!』※2の「Chapter2. Why Do Demos Fail?」で述べられているデモが失敗する要因の一つに、Too Many Features(多過ぎる機能)があります。これは私自身も、デモが失敗する最も大きな要因の一つだと感じています。

顧客はSaaSソリューションの機能を探していません。自社の課題を解決する策を探しています。自社の課題と直接関係のないSaaSソリューションの機能を延々と見せられること(プロダクトツアー)は、顧客にとっては苦痛以外の何ものでもありません。プロダクトツアーの例を次に示します。誰も望んでいないため、絶対に避けるべきです。

これが弊社のSaaSソリューションのコンソールです。こちらのコンソールでマルチクラウドのセキュリティリスクを一目で確認することができます。

まずアラートの画面を見てみましょう。弊社のSaaSソリューションはクラウド上の資産の文脈を意識したアラートスコアリングを行っているため、誤検知が少なく精度が高いことが特徴です。これは他社のSaaSソリューションにはないポイントです。

次にデータセキュリティの画面を見てみましょう。弊社のSaaSソリューションは、S3のオブジェクトストレージだけでなく、RDSのような構造化されたデータストアのリスクについても検出できます。

次はリアルタイム検知です。マルウェアをダウンロード・実行させて、プロセスを瞬時に殺すところをお見せします。(ターミナルでマルウェアをダウンロード、プロセスがダウン)

次にAPIセキュリティの画面を見てみましょう。弊社のAPIセキュリティはすごいです。

(このデモいつ終わるのかなぁ……。眠いなぁ……)

なぜプロダクトツアーになってしまうのか？

デモがプロダクトツアーになってしまう要因には、大きく二つあります。

1. ベンダ側の誰かがプロダクトツアーを行うべきと強く信じている
2. 顧客が、SaaSソリューションの機能の数を評価ポイントの一つとしている

多かれ少なかれ、人は自分自身の過去の経験を何らかの判断の拠り所にしています。ベンダ側に、過去にプロダクトツアーを推進することで顧客を圧倒し、競合ベンダに勝利してセールスを成功させた経験を持っている人がいるとします。

その成功体験をもとに、その人はデモの場ではSaaSソリューションの全ての機能を事細かに見せて、顧客を圧倒させることが大切だと訴えるかもしれません。その人が営業担当者、つまりベンダ側で最も大きな発言力を持っているとしたら、無条件にその説を飲まなければならないこともあるかと思います。1の典型的な例です。

こうした場合、ソリューションエンジニアは、営業担当者にデモとは何か？ と問うべきです。デモとは顧客の課題を解決できることを証明することです。1時間に及ぶプロダクトツアーを行うことで、顧客の課題を解決できると端的に証明できるのでしょうか？ 自信を持って「はい」と答える人は少ないはずです。

2のケースは、顧客が既に別のベンダとエンゲージメントを進めていると考えましょう。別のベンダからデモを含む啓蒙活動を受けていて、「SaaSソリューションの機能の数が大切だ」や「機能の数と開発力の高低は比例する」のような説を唱えている可能性があります。

SaaSソリューションの機能はあくまで課題を解決するための手段や道具です。今すぐに板を切りたい顧客に対して、「うちはトンカチもカンナもヤスリも持っている、ノコギリだけではない」といったことを延々と謳われても、顧客にとっては時間の無駄にしかなりません。

本節のまとめ

1. デモとは、顧客の課題を解決できることを証明すること、もしくは顧客の課題解決策のビジョンを形成すること。
2. デモはシナリオとコンテンツのバランスが大切。コンテンツに凝り過ぎない。
3. 「プロダクトツアー」は誰も望んでいない。常に顧客の課題解決に焦点を当てる。

2.4 実証実験

課題解決の概念を証明すること

デモで顧客の課題を解決できることを証明した、あるいは顧客の課題解決策のビジョンを形成できたら、実証実験に進みます。一般的には「Proof of Concept(PoC)」と表現されることがほとんどですが、PoCはあいまいな表現のため、本書では「実証実験」と表現します。

実証実験は、ソリューションエンジニアリングの根源的なゴールである、「技術的な勝利」に直接関係するプロセスです。実証実験の良し悪しが成否のカギを握っています。

成功基準やゴールは事前に合意する

実証実験の目的は、顧客が描いている課題解決策の方法論や概念が正しいことを、実際のSaaSソリューションを利用して証明することです。課題があいまいだと、描いている方法論や概念もあいまいになってしまうため、常に課題を振り返りながら進める必要があります。

実証実験のプロセスも、顧客とのミーティングやデモと同様、前提条件を全ての利害関係者と事前に合意することが大切です。ソフトウェア開発のプロジェクトでも、前提条件を合意しないまま開発プロジェクトを開始してしまい、想定していない開発スコープがプロジェクトの中に含まれてきて、開発コストが超過するケースはあるかと思います。

実証実験のプロジェクトでは実際のSaaSソリューションを利用するため、ベンダ側に何らかのコスト負担が発生します。ソフトウェア開発のプロジェクトと同じ考え方で、事前に前提条件を合意して安全に進めることを意識すべきです。

成功基準やゴールは現実的なものを

実証実験開始にあたり、ソリューションエンジニアがまず検討すべきことは、何が達成できれば実証実験は成功とするかの、成功基準やゴールを顧客と合意することです。成功基準やゴールは、社内外の全ての利害関係者にとって計測もしくは判断できるものでなければなりません。

私個人の過去の経験も含めて、私はこれまでに失敗した実証実験のプロジェクトを数多見たり経験したりしてきました。共通しているのは、計測可能な成功基準が定義されていない、もしくは実証実験で達成すべきゴールが明確に文書化されていないことが失敗の要因になっていると感じています。

一般的に、実証実験はエンゲージメントの中で最もコストが発生するプロセスです。顧客側も、実証実験に関わる人員を複数名アサインすることがほとんどのため、コストはベンダ側だけでなく顧客側にも発生します。「やってみたけどできなかった」は、絶対に避けなければなりません。

ソリューションエンジニアは、自社のSaaSソリューションのユースケースと、さらに一歩踏み込んだ各々のユースケースを実現する詳細な機能を常に把握しておきます。それらから逆算して、実現可能な成功基準やゴールを設定することで「やってみたけどできなかった」の確率は低くなるはずです。

顧客が主導するプロジェクト

実証実験の成功基準・ゴールを明確に定義したら、それらを実現するための必要なタスクを洗い出し、各々の責任と期限を設定します。タスクの責任は、実証実験に関わる全ての利害関係者に割り振れるようにします。

現実的かつ大胆な計画で

実証実験は、プレゼンテーションやデモのようにベンダが主導することではなく、顧客が主導することであるため、顧客が自分事として捉えていることが成功に必要な大前提になります。

設定するタスクの責任や期限は現実的で、かつ(顧客との関係にもよりますが)大胆で顧客を煽るような内容であるべきです。あまりに控えめな内容で合意して進めてしまうと、営業担当が描いているクロージングの時期に影響を及ぼします。

顧客を煽るようなタスク割り振りや期限を提示して、顧客から「いや、この内容はちょっと厳しいのでは……」といった反応が返ってきたら、実証実験をそのまま進めることに対する黄色信号の合図かもしれません。

実証実験の担当者が課題・原因・影響を理解していない、もしくはやらなければならない理由を持っていないことが考えられます。営業担当者やその他の関係者と協議して、顧客側の適切な相手にアプローチすることを検討すべきです。**図2.4.1**は実証実験計画の例です。

実証実験の成功基準

- ✔ 2件以上のマルウェアを検出してSOC担当チームに即時に通知できること
- ✔ 4種類以上のアラートを検出して、各々を適切に優先順位付けできること

タスク	担当者	期日
実証実験キックオフ	弊社	9月x日
成功基準、タスク、責任、期日の合意	貴社	9月x日
クラウド環境とSaaSの接続、スキャン開始	貴社	9月x日
リスクモニタリング、インシデント対応	貴社	9月x日
技術ワークショップ	弊社	9月x日
リスクレビュー、実証実験成否判定	弊社	10月x日
正式契約に向けたクロージング計画の合意	貴社	10月x日

図2.4.1　実証実験計画

1チームになることが成功のカギ

実証実験の過程で、ベンダや顧客の仕事の進め方、個々人の性格や考え方の癖など、良くも悪くもお互いの全てが明らかになることが多いと感じています。何らかのプロジェクトを成功させるカギは、1チームにな

ることです。1チームとなるべく、全てが明らかになることは大切です。

相手の考えややり方は千差万別

大切なことは、個々人の考え方ややり方を否定せず、真摯に聴くことです。実証実験の過程で、顧客からSaaSソリューションに関する技術的な内容を含む様々な質問が上がってくることがあります。質問には必ず意図があるため、質問者の立場・責任、性格や技術レベルまで勘案した上で、質問者の意図に沿った回答を与えることが重要です。

相手の意見を真摯に聴くことは、相手の意見に無条件に同意することではありません。ソリューションエンジニアは、仮に質問者が持っている前提の理解が技術的に不足している場合は、質問者の前提の技術的な理解を一定基準まで引き上げるようにすべきです。ここでもソリューションエンジニアの傾聴スキルが発揮されます。

クラウドセキュリティSaaSソリューションの場合

クラウドセキュリティSaaSソリューションの実証実験プロジェクトで、顧客側から上がってくると想定される質問例を紹介します。

1. マルウェアはゼロデイを含む最新のものまで隈なく検出できますか?
2. 検出したアラートのスコアを独自にカスタマイズできますか?
3. S3バケットに置かれているソースコードの静的解析はできますか?
4. SOCチームとしての運用のベストプラクティスを探しています。貴社から運用のベストプラクティスについてアドバイスをもらえますか?

上記はあくまで一例ですが、1から3のような質問であれば、自社SaaSソリューションの仕様を詳細に調査することで、比較的簡単に回答することができるかと思います。

4のような質問は、絶対的な正解が存在しないため、回答の仕方には注意が必要です。一般的に、運用のベストプラクティスは顧客側の体制やスキルセットに依存するため絶対的な正解は存在しないこと、ベンダとしてできることは自社SaaSソリューションにまつわる情報提供に限られることを伝えて、顧客の期待を適切に管理することが大切です。

本節のまとめ

1. 実証実験とは、顧客が描いている課題解決策の方法論や概念が正しいことを証明すること。
2. 成功基準やゴールは事前に顧客と合意する。実証実験はベンダ側にも顧客側にもコストが発生するため失敗は許されない。
3. 計画やタスクは現実的かつ大胆に。大胆に提示することで黄色信号を未然に察知して対策する。

2.5 クロージング

エンゲージメントの最終プロセス

実証実験が成功して、顧客が描いている課題解決策の方法論や概念が正しいことを証明できたら、エンゲージメントの最終プロセスに入ります。主に、クロージングは営業担当者が主導するプロセスです。クロージングで顧客・ベンダの双方が達成すべきことを次に挙げておきます。

- ☑ SaaSソリューションのライセンスパッケージとサポートレベルの内容詳細の再確認
- ☑ 正式契約後のカスタマーサクセスチームの体制とサービスレベルの内容詳細の再確認
- ☑ 金額を含む詳細な契約条件の合意

ソリューションエンジニアは、営業担当者が確実にビジネスをクローズできるように、上記のタスクを技術的な観点でサポートします。

終わった話を蒸し返さない

一般的に、人は何らかの契約を締結する際に、契約締結により発生するリスクに敏感になります。特に、「あの機能はライセンスに含まれているのか?」や「あの機能の詳細をもう一度確認した方がよいのでは?」といった会話は、顧客側でよくなされている会話かと感じています。

クロージングでのポイントは、完結した会話を蒸し返さないことです。営業担当者が常に意識していることは、いくらの契約を何月何日までにクローズできるか(フォーキャスト)です。実証実験が無事成功してクロージングのフェーズに入ったら、これまでに見定めてきたフォーキャストの最終的な内容を固めて、上司やソリューションエンジニアの他、社内関係者に報告します。

実証実験までに完結している技術的なQ&Aが再度オープンになりQ&A対応に時間がかかってしまうと、フォーキャストが狂ってしまいます。ソリューションエンジニアは、顧客の完結しているQ&Aを再度オープンしたいような素振りに敏感になり、そのような振る舞いをコントロールすることが大切です。

再度Q&Aが上がってきたら、既に回答している内容を再度回答する、質問はクローズドクエスチョンであれば、はい・いいえで端的に回答するといった、言い切りの態度で対応すべきです。

顧客に安心感を与える

正式契約を締結することで、顧客が享受できるサービスの内容を詳細に説明して、顧客に安心感を与えることも大切です。大半のSaaSソリューションは、正式契約後にカスタマーサクセスマネージャを中心とした専任サポートチームが顧客にアサインされ、専任サポートチームによるサービスが提供されます。

専任サポートチームからは、SaaSソリューションの詳細な技術トレーニングや、機能改善要求など、より顧客の運用に即したサービスが提供されることがほとんどです。ソリューションエンジニアは、専任サポートチームによるサービスを説明して、正式契約締結によって顧客が得るメリットを植え付けることで、安心感を与えます。

ソリューションエンジニアは裏方へ

完結したQ&Aを蒸し返さない、仮に蒸し返されたら端的に対応する、正式契約後に顧客に提供するサービスを詳細に説明したら、エンゲージメントにおけるソリューションエンジニアの主な任務は完了です。

セールスのゴールを常に意識する

任務を完了したら、顧客とのやり取りは営業担当者に任せて、ソリューションエンジニアは速やかに裏方に回ります。顧客に自分の顔を見せないことがポイントです。

人の欲求には際限がないため、顧客は正式契約せずに無償であれもこれも知りたいと思うかもしれません。クロージングのフェーズになってもソリューションエンジニアが顧客とのミーティングに常に同席すると、新たなQ&Aが発生してしまい、営業担当者が描いているフォーキャストが狂ってしまう可能性が高くなります。

Q&Aが発生することは、顧客から信頼されていることの証でもあるため、それ自体は喜ばしいことかもしれません。しかしながら、ソリューションエンジニアもセールスの一員で、セールスのゴールは、特定の期間に決められた売上や利益の目標値を期間内に達成することです。

セールスのゴールを常に意識して、ゴールを達成するためにソリューションエンジニアとしてどのように立ち振る舞うべきかを、自分自身に問い続けることが大切です。

顧客は信頼できる要素を探している

顧客は、エンゲージメントの全ての場面で、ベンダを信頼してもよい理由を探しています。顧客にとっての技術的なアドバイザとなるソリューションエンジニアの立ち振る舞いは、顧客がベンダを信頼するか否かの大きな要素になります。

同時に、セールスはチームスポーツと同じで、ソリューションエンジニアが1人で行うことではありません。顧客が信頼するか否かの要素は複数あります。自分1人で全てを抱え込むのではなく、チームとして適切な対応を行うことで、真の意味での顧客の信頼を勝ち取ることができます。

本節のまとめ

1. 完結したQ&Aは蒸し返さないようにする。顧客が完結したQ&Aを蒸し返す素振りを常に察知する。
2. 仮に蒸し返されても、既に答えた内容を繰り返して端的に対応する。
3. 正式契約後に顧客に提供されるサポートサービスの内容を共有して顧客に安心感を与える。
4. セールスのゴールを常に意識する。任務が完了したら裏方へ回って自分の顔を見せないことが大切。

2.6 カスタマーサクセス

正式契約後が本当の始まり

無事に正式契約が締結されたら、エンゲージメントは完了です。営業担当者とソリューションエンジニアの任務はこの時点で完了です。「お疲れ様でした!」と労をねぎらいたいところですが、顧客にとっては、正式契約を締結してからが本当の始まりです。

顧客は、元来解決しなければならない課題がSaaSソリューションで本当に解決できるのか? に対する答えを探し続けています。ベンダはこの答えに「はい」と自信を持って答えなければなりません。

カスタマーサクセスチームに正確に伝達する

正式契約が締結されたら、ソリューションエンジニアはカスタマーサクセスチームと、エンゲージメントのプロセスで行ってきた主たる活動を共有して、カスタマーサクセスチームの活動をスムーズに開始できるようにサポートします。カスタマーサクセスチームと共有すべき主な内容を次に示します。

- ☑ 顧客の課題と主なSaaSソリューションのユースケース、実証実験の内容
- ☑ 契約したSaaSソリューションのライセンスパッケージとサポートレベル
- ☑ 顧客の組織・利害関係者のマップ

ポイントは、顧客と対面していないカスタマーサクセスマネージャや

その他のメンバーがしっかり腹落ちして理解できるように、なぜ顧客はSaaSソリューションを契約したのか、どんな課題を解決したいのかを体系立てて説明することです。

カスタマーサクセスマネージャは営業担当者

SaaSベンダにより差異はありますが、一般的にカスタマーサクセスチームは、正式契約後の顧客のメインコンタクトになる「カスタマーサクセスマネージャ」と、技術的な側面から顧客をサポートする「ソリューションアーキテクト」、障害対応を担当する「テクニカルサポートエンジニア」からなるケースがほとんどです。

カスタマーサクセスマネージャは、正式契約後の営業担当者と言えます。顧客が元来解決しなければならない課題が解決できているか、新たな課題があるかを常に意識して、顧客に提供するSaaSサービス全般に対して責任を持ちます。

ソリューションエンジニアの任務は正式契約締結完了時点で終了していますが、カスタマーサクセスマネージャの指示のもとに適宜サポートすることが求められます。ここでも1チームを意識して組織としてベストなサービスを顧客に提供する姿勢が大切です。

顧客は常にベストな選択肢を探している

「SaaS」とはSoftware as a Serviceの略語で、顧客が必要なときに必要なSoftwareの機能を利用できるサービスです。一般的にSaaSの契約期間は1年間が最小で、顧客にとってSaaSが不要になれば、1年後に解約することが可能です。

元来解決しなければならない課題が解決できなかった、カスタマーサクセスチームが提供するサービスに不満があるなど、顧客が期待していたことと、実際に提供されたサービスにギャップがあると、解約の可能性が高くなります。かつ解約の危機は毎年訪れます。

カスタマーサクセスのゴールは契約更新

カスタマーサクセスの最も大きなゴールは、一度正式契約した顧客を逃さないことです。顧客の期待値とSaaSソリューションやカスタマーサクセスチームが提供するサービスを適切に管理して、年次で訪れる契約更新時に確実に契約更新を勝ち取ることが求められます。

Chapter1で触れたように、市場には無数のSaaSソリューションがあります。顧客は、自社にとってベストなSaaSソリューションと、SaaSソリューションを提供するベンダを信頼してよい理由を常に探しています。

ソリューションエンジニアは、顧客にとっての技術的なアドバイザとして、カスタマーサクセスチームと協業しながら、カスタマーサクセスチームが描いている契約更新のシナリオを実現できるようにサポートします。

市場は常に変化する

市場は常に変化するため、何らかの市場に置かれている顧客やベンダの状況も常に変化します。顧客の課題は常に変化し続けていて、元来解決しなければならない課題がSaaSソリューションで解決できたとしても、解決しなければならない新たな課題が生まれます。

ベンダが提供するSaaSソリューションも、新しい機能が次から次へと開発・リリースされ続けます。エンゲージメントの時点で、顧客の課題にマッチするユースケースがなかったとしても、正式契約後に新たなユースケースが生まれて、幅広い課題にマッチするケースも少なくありません。

幅広い課題に向き合うことができるようになると、既存顧客に対する追加ライセンスやライセンスアップグレードなどの新たなビジネスチャンスが生まれます。

本節のまとめ

---

1. 正式契約後が本当の始まり。元来解決しなければならない課題を解決することに、ベンダ側も顧客側も双方が注力すべきである。
2. カスタマーサクセスマネージャは正式契約後の営業担当者。課題が解決できているか、新たな課題があるかを常に意識する。
3. 顧客は常にベストな選択肢を探している。解約の危機が年次で訪れることを忘れてはならない。
4. 市場は常に変化する。ソリューションエンジニアは新たな知識やスキルをアップグレードし続ける。

Chapter 3

エンゲージメントの準備

3.1 あなたのソリューションは選択肢の一つに過ぎない

別のソリューションも比較検討している

Chapter1では、顧客にとって無数の選択肢から最適なソリューションを一つ選択することは至難の業で、これはソリューションを売ることより困難であることを述べました。顧客は営業担当者にコンタクトする前から無数の選択肢があることを知っています。

顧客が営業担当者やソリューションエンジニアにコンタクトした時点で、顧客は既に、あなたのソリューションと他のソリューションを比較検討していると考えるべきです。あなたのソリューションが、顧客にとっての唯一無二の選択肢であることは稀です。

それを意識すると、エンゲージメントの準備段階で、顧客にとってベストなソリューションであることを訴求するシナリオに敏感になり、商談をクローズするために必要なアクションを他社に先駆けて打つことができます。

Web上にあるコンテンツ

一昔前までは、顧客がベンダ側の営業担当者にコンタクトする前の情報収集手段は、ベンダのWebサイトを見る程度でした。しかし、現在はWeb上に無数の情報が存在します。次に代表的な情報源を挙げます。

- ☑ガートナー社をはじめとした第三者機関の評価レポート
- ☑ LinkedInのようなSNS
- ☑ Qiitaやnoteなどの日本語のコミュニティ
- ☑ IT系のメディア

昨今はQiitaやnoteなどの日本語のコミュニティも充実しています。これらのコミュニティには、実際にソフトウェアコードやクラウド環境を触って試した内容が生々しく掲載されているため、顧客はベンダの営業担当者に会う前から詳細な情報を得ることが可能です。

私自身も、私が個人的にQiitaに掲載しているブログ(**図3.1.1**)をご覧いただいた顧客から、私が現在所属しているベンダのSaaSソリューションに興味を持ち、説明を聞きたいとご連絡をいただいたことがあります。この場合はそのまま商談に繋がりました。

https://qiita.com/hisashiyamaguchi

図3.1.1　Qiitaに掲載している筆者のブログ

ガートナー社に代表される第三者機関の評価レポートの多くは有償ですが、ベンダのWebサイトにゲーティングコンテンツ(ダウンロードするためにEmailなどの個人情報の入力を求めるもの)として公開しているケースも多く、顧客は費用を支払わずに閲覧できるようになってきました。

オンラインセミナー

日本では新型コロナウイルス感染症が2020年の初頭から広まり、それをきっかけの一つとして多くのベンダ、サービスプロバイダは、オンラインセミナーを開催するようになりました。オンラインなので、自社のSaaSソリューションやサービスを不特定多数の見込み顧客に向けて発信するようになったのです。

そうしたオンラインセミナーでは、Google SlideやPowerPointで作成された静的なコンテンツだけでなく、多くはデモのような動的なコンテンツを含みます。顧客にとってはベンダの営業担当者にコンタクトするまでもなく、SaaSソリューションのデモを体験できる機会が増えています。

さらに、オンラインセミナーの最後にはQ&Aセッションが設けられているケースがほとんどで、顧客はベンダと個別のミーティングを持つ前に、気になることをベンダに質問することができます。オンラインセミナーには不特定多数が参加しているため、込み入ったことは質問できないと思いますが、一般的な内容であれば気兼ねなく質問できます。

自分でSaaSを触っている

多くのSaaSソリューションはフリーミアムビジネスモデル（基本機能を一定期間無料で利用可能とし、一定期間が過ぎると利用者に本契約を促す）を取っているため、顧客は、SaaSソリューションの基本機能を、費用を支払うことなく利用することが可能です。フリーミアムビジネスモデルの台頭により、顧客のソリューション習熟の速度は以前とは比べものにならないくらい上がってきたと感じています。

課題解決策のビジョンを持っている

SaaSソリューションによっては、顧客が開発しているソフトウェアコードに実際に組み込んで、動作を検証することができるソリューションもあります。顧客がこれらのソリューションを自ら触って検証することで、SaaSソリューションそのものに対する深い知識が形成されます。

SaaSソリューションそのものに対する知識のみならず、顧客側組織としての、課題解決策の明確なビジョンが形成されるケースもあります。形成されたビジョンがある特定のSaaSベンダ固有のコンセプトや機能に基づくビジョンになっていると、後から商談に参加したベンダにとっては厄介な問題になります。

人は第一印象や初めて経験したこと、直感で感じたことを全ての判断の拠り所にする傾向があります。このため、一度形成されたビジョンを覆すためには、ビジョンリエンジニアリングと呼ばれる、ソリューションエンジニアリングの中で最も高度なスキルが必要になります。ビジョンリエンジニアリングの詳細は次章以降で説明します。

ビジョンをもとに他を評価している

顧客は、自社の中に形成された課題解決策のビジョンをもとに、他のSaaSソリューションを評価しています。次に示すのは、クラウドセキュリティソリューションにおける代表的な評価ポイントです。

- ☑ クラウド環境の設定ミスを検出できるか?
- ☑ ワークロードの設定ミスやマルウェアを検出できるか?
- ☑ ソフトウェアソースコードに含まれている脆弱性を検出できるか?
- ☑ APIエンドポイントの脆弱性やリスクを検出できるか?
- ☑ SplunkやSlackなどの外部ソリューションと連携できるか?
- ☑ 公開しているドキュメントは体系化されていて使いやすいか?

上記はあくまでクラウドセキュリティソリューションの例で、よくある表現になっていますが、評価ポイントの中に明らかに具体的なSaaSベンダの特定の製品や機能を意識した表現があるケースは、既にそのSaaSベンダと綿密な会話を進めていると考えるべきです。

先回りしてビジョン形成をリードする

顧客が情報を探していると思われるQiitaやLinkedInやYouTubeなどのメディアに先回りして自社SaaSソリューションの価値を訴求するコンテンツを掲載することで、ビジョン形成を他社に先駆けてリードすることが大切です。

例えば自社SaaSのポイントを10分程度で紹介するデモビデオを作成してYouTubeに投稿したり、自社SaaSを利用したソフトウェア開発を実際にやってみた検証結果をQiitaに投稿したりすることで、情報収集に敏感になっている見込み顧客の目に留まるかもしれません。

市場や見込み顧客開拓の全体的な戦略はマーケティング担当者がリードすべきですが、掲載するコンテンツそのものの計画立案や作成はソリューションエンジニアの責務の一つです。

本節のまとめ

1. あなたのSaaSソリューションは選択肢の一つ。顧客は他も比較検討している。
2. SaaSソリューションは無償で利用できるものが大半。顧客は自分自身で触っていて、課題解決のビジョンを持っている。
3. 既に持っているビジョンをもとに、他のSaaSソリューションを評価している。
4. 一度顧客に植え付けられたビジョンは強固。他のベンダより先にビジョン形成をリードすべきである。

3.2 広く素早く調査する

顧客の課題に興味を持つ

人は誰しも自分のことに興味を持ってほしい、認めてほしいと思っています。顧客とのミーティングの前に顧客が持っているだろう課題に興味を持ち、推測することが大切です。この節では、顧客とのミーティングの前にソリューションエンジニアとして行うべき調査のポイントを説明します。

必要なのは事実

2.1でも触れていますが、ポイントは事実を収集して事実をもとに仮説を立てることです。顧客が自社のWebサイトで公開しているIR情報には事実のみが記載されているはずのため、IR情報を情報源とすることが最も精度の高い仮説を立てることができると考えることができます。

IR情報の中でも、有価証券報告書は顧客の正確な状況を広く深くまとめたドキュメントのため、有価証券報告書から情報を収集することで、最も広く素早く正確な情報を収集することができるはずです。

有価証券報告書は金融庁が制定した構成に則って作成されています。顧客による記載内容のばらつきは少なく、読みこなせるようになると効率よく事実を収集することができるようになります。次に示すのは、有価証券報告書で特に着目すべきポイントです。

1. 流動比率
2. 対処すべき課題
3. 事業等のリスク
4. 役員の状況

顧客の課題は明記されている

有価証券報告書の「第2 【事業の状況】」のサブセクションである「対処すべき課題」と「事業等のリスク」には、顧客組織としての喫緊の課題や、考えられるリスクについての記載があります。例として、ここでは三菱重工業株式会社の2021年度有価証券報告書から抜粋し、同社が重要視していると思われる、サイバーセキュリティ上の問題を読み解いてみます。

> ⑥サイバーセキュリティ上の問題
>
> ア. 情報セキュリティ問題の発生等
>
> 当社グループは、事業の遂行を通じて、顧客等の機密情報及び当社グループの技術・営業他の事業に関する機密情報を保有しており、業務上も情報技術への依存度は高まっている。これに対して日々高度化・悪質化しているサイバー攻撃等が現在の想定を上回るなどして、コンピュータウイルスへの感染や不正アクセスその他の不測の事態が生じた場合には、機密情報が滅失又は社外に漏洩する可能性がある。また、サイバー攻撃等の結果、端末やサーバなどの使用に障害が出る可能性がある。当社グループでは、これらのリスクに対して、CTO*2直轄のサイバーセキュリティ推進体制を構築し、当社グループのサイバーセキュリティ統制(基準整備・対策実装・自己点検・内部監査)やインシデント対応等の対策を進めている。
>
> *2 CTO:Chief Technology Officer
>
> イ. 経営成績等の状況に与えうる影響
>
> 情報漏洩が生じると、当社グループの競争力の大幅な低下、社会的評価及び信用の失墜等によって当社グループの事業遂行に重大な影響が生じうる。また、当局等による調査の対象となるほか、顧客等から損害賠償請求等を受ける可能性がある。加えて、サイバー攻撃等の結果、サーバなどの使用に障害が出た場合には、業務の遂行に大きな影響が生じ、その結果生産活動や顧客への製品・サービスの提供等に影響が生じるおそれがある。このようにサイバーセキュリティ上の問題は、当社グループの経営成績等の状況に重要な影響

を与える可能性がある。

出典）三菱重工業株式会社　有価証券報告書（2021年度）
https://www.mhi.com/jp/finance/library/financial/pdf/2021/2021_04_all.pdf

三菱重工業のような社会基盤を支えているインフラ企業は、サイバーセキュリティのインシデントによる社会的影響は計り知れないと想像できます。

上記はあくまで一例ですが、株主や投資家向けに発行している有価証券報告書に明記されている内容から、サイバーセキュリティ対策に関して、決して他人事ではなく自分事として組織として真剣に向き合っていることが窺えます。

顧客は何らかの失敗を経験している

Webサイトに掲載されている顧客のプロジェクト事例から、現在の課題を推測することができます。**2.1**で触れたとおり、多くの顧客が他のベンダやサービスプロバイダと実施したプロジェクトの事例を公開しています。

プロジェクトを遂行しているのであれば、何らかの失敗を経験していると予想できます。人は誰しも失敗を糧に新たなことを成し遂げようとするため、プロジェクトの事例を概観することで、顧客が過去に経験した失敗やこれから考えていることを予測することができるはずです。**図3.2.1**は、Googleで「三菱重工業　セキュリティ」をキーワードに画像検索した結果です。

図3.2.1 「三菱重工業　セキュリティ」をキーワードに画像検索した結果

何かを決めるのは人

自社の課題が何なのか、どの課題を最優先するのか、どんな解決策の方針を取るのか、どんなSaaSソリューションを採用するのか、これらを決めるのは全て人です。顧客側にどんな経歴の人がいるのかを事前に把握することで、立てる仮説もより具体的になり精度も高くなるはずです。

キーマンは誰か

有価証券報告書の「役員の状況」には、顧客の役員構成から個々人の生年月日や経歴が事細かに掲載されています。これらを概観することで、顧客の文化や意思決定におけるポイントを推測することができます。

LinkedInにも顧客の情報は掲載されています。「People」セクションには、顧客企業に所属する人員のタイトルや経歴が細かに掲載されているケースがほとんどです。さらにLinkedInセールスナビゲータが使える場合は、個々人のEmailアドレスや電話番号まで辿ることができます。

特に昨今では、Z世代の方が役員を務める顧客も多くなりました。これらの顧客は、過去の成功体験だけを判断の拠り所としない、新しい考え方や価値を模索する傾向があるように感じています。革新的な技術に敏感になっているので、ベンダにとってはビジネスチャンスが大きいかもしれません。

資格がない人には売れない

仮に自社がどんなに素晴らしいSaaSソリューションを持っていたとしても、「資格がない人」には売れません。ここでいう「資格がない人」とは、明確な課題を持っておらず、SaaSソリューションへ投資しなければならない理由がない顧客、もしくはそもそもお金を持っていない顧客のいずれかを指します。

仮に、エンゲージメントを進める中で、顧客が致命的な課題を持っていてSaaSソリューションへの強い投資意欲が確認できたとしても、そもそもお金を持っていなければベンダにとってのビジネスにはなりません。事前に顧客の財務状況を把握しておくことは大前提です。

特に、顧客の資金の流動性はチェックすべきポイントで、資金の流動性は流動比率から図ることができます。流動比率は、流動資産÷流動負債で計算できる指標で、顧客が1年以内に現金化できる力を測る指標です。業種業態により一概には判断できませんが、私個人は最低でも200%以上が望ましいと考えています。

技術を担当するソリューションエンジニアには直接関係ないとされる考え方もありますが、ベンダのビジネスを作ることはソリューションエンジニアのミッションでもあります。顧客の財務状況を把握することは大切なことの一つです。

同じことを何回も聞かない

顧客にとっては、ベンダ側のインサイドセールスも、営業担当者も、ソリューションエンジニアも、同じベンダ側の担当です。既にインサイドセールス担当者に伝えていることを、営業担当者やソリューションエンジニアから何度も質問されると不快に感じるかと思います。インサイドセールス担当者との会話内容は、顧客とのミーティング前に必ず確認すべきです。

インサイドセールスも人それぞれ

まず確認すべきポイントは、次の観点でどこまで情報を確認できているかです。

- ☑ 予算を持っているか？ 現場担当者個人の思いで進めていないか？
- ☑ 最終承認者がいてそれは誰なのか？
- ☑ 課題は何か？ それは組織として損失に繋がるものか？
- ☑ 導入時期はいつか？

2.1で触れたとおり、ベンダ組織によってインサイドセールスの評価指標は異なります。インサイドセールスの評価指標が、ミーティングを何件設定できたかに比重が置かれているとしたら、インサイドセールス担当者は顧客との電話で次のような会話に終始するはずです。

一度デモを見ていただけないでしょうか？

詳細をご説明したいのでミーティングを調整いただけないでしょうか？

仮にこのような会話のみでミーティングがセットされていたら、注意が必要です。顧客が課題を持っているのか、投資の意欲があるのか分からないままミーティングを持ち、ミーティングの結果、課題も投資の意欲もないことが分かったら、お互いにとって何の価値も生み出しません。

このような場合は、営業担当者や上司と相談して、場合によってはミーティングを欠席することも大切です。

質問したけど答えてくれないのは何かあるはず

インサイドセールス担当者が、顧客との電話の中で明確に質問をしたけど相手から答えが返ってこなかったケースも考えられます。原因として、相手が単に質問の答えを持っていないか、持ってはいるが意図的に答えなかったと考えられます。

前者の場合は、インサイドセールス担当者と協議して、インサイドセールス担当者本人が電話越しに汲み取った相手の声色から、相手の職責や状況を推測できるかと思います。

後者の場合は、何らかの意図で顧客はベンダの力量やSaaSソリューションの詳細を探っているかと推測できます。このような場合は可能な限りコールの内容を把握してミーティング中に顧客に質問する内容を整理しておくと、顧客とのミーティングでインサイドセールス担当者との会話を理解した文脈のある会話ができるはずです。

本節のまとめ

1. 必要なことは事実。事実のみが掲載されているIR情報を情報源とすることが最も精度の高い仮説を立てることができる。
2. 何かを決めるのは全て人。顧客側の人を可能な限り詳細に把握する。
3. 同じことを何度も聞かれて気分が良い人はいない。インサイドセールス担当者と顧客の会話内容は必ず事前に確認する。

3.3 ミーティングの前に大半は終わっている

顧客とのミーティングは顧客の時間を奪うこと

顧客の状況や持っている課題に関する仮説を立てたら、その仮設を検証しながらより具体的な顧客の課題に迫ります。仮説の検証は、顧客とのミーティングで行うプレゼンテーションやデモを事前に声に出して練習できます。

「たかが顧客とのミーティングのために声出しの練習はやり過ぎでは?」と思われるかもしれませんが、ミーティングでのソリューションエンジニアの一言が商談の行方を左右することは少なくありません。できる限りの準備を行うことが大切です。

目的が合っていないとミーティングは失敗する

どんなミーティングでも目的があるはずです。顧客とのミーティングでは、事前に目的とその目的を達成するための主題を準備すべきです。特に顧客とのミーティングは、顧客の時間を奪っている、という認識を持ちましょう。

ミーティングが終わった後に、顧客が「このミーティングって意味あったのかなぁ?」と感じてしまったら、顧客はミーティングの生産性が低いと感じていることになります。それ以降、ベンダからのミーティングの打診に応じてくれなくなるかもしれません。

特にミーティングの時間が長ければ長いほど、顧客は自社の時間を投資することになります。投資した時間に見合う成果を出せるように、事前に顧客の期待とミーティングの目的を綿密にすり合わせて、顧客の期待とミーティングの目的にズレがないようにすべきです。**図3.3.1**はミーティングの目的と主題をまとめたスライドの例です。

本日の目的

✔ 事前に伺っている貴社の課題・原因・影響について共通認識を持つ

✔ 課題の解決策が弊社SaaSソリューションのユースケースに合致するか判断する

トピックス

✔ 弊社が認識している貴社の課題・原因・影響(営業担当、A氏)

✔ 弊社SaaSソリューションの10のユースケース(ソリューションエンジニア、B氏)

✔ 貴社がこれまでに実施された策共有(セキュリティチーム、C氏)

✔ 課題の再整理、根本的な原因は何なのか? 仮説共有(セキュリティチーム、D氏)

✔ ユースケースデモ(ソリューションエンジニア、B氏)

✔ 課題解決策とユースケースの適合性、ギャップと埋め方(出席者全員)

✔ 次のステップに進むか否か?(出席者全員)

図3.3.1 ミーティングの目的と主題

ミーティングの目的と主題を設定したら、顧客とのミーティングの前にそれらが的を射ているのか確認すべきです。営業担当社やその他社内の関係者と事前のミーティングを設けて、自らが設定した目的と主題の意図を説明し、顧客の期待に合っているか複数の目と耳で確認することが大切です。

事前に頭の中を全部さらけ出す

顧客とのミーティングの前に社内でロールプレイを開催して、実際の顧客とのミーティングを想定したリハーサルを行うことも効果的です。社内の同僚にお願いして顧客役を演じてもらい、実際に説明したり質問したりします。

ロールプレイは事前の社内調整に時間と労力を要するため、多くのベンダはロールプレイをやらずに、顧客とのミーティングに臨んでいるかと推測しています。しかし、実際の顧客とのミーティングで、営業担当者やその他ミーティングの同席者は、ソリューションエンジニアが発している説明の言葉や顧客への質問をその場で初めて聞き、「え、そうなんだっけ?」や「おいおい、何を聞いてんだよ……そんなこと聞くなよ……」と感じたことがあるのではないでしょうか。

このようなネガティブな反応があることは、説明や質問を行うソリューションエンジニアだけでなく、営業担当者も望んでいることではありません。面倒に感じてもロールプレイはなるべく実施すべきです。特に、ベンダ組織の売上や利益目標に大きな影響を及ぼす大規模商談では必ず実施すべきです。

社内ロールプレイのポイントはオープンになることです。人の考えやプレゼンテーションのスタイルに正解も不正解もありません。説明や質問で使う言葉やトーンの本質に着目して、スタイルや個性に着目しないことが寛容です。自分の個性を否定されるような言い方をされて心地良い人はいません。

顧客とのエンゲージメントは採用面接と同じ

ベンダ側が顧客を色々な角度から評価しながら、SaaSソリューションに投資しなければならない明確な課題があるかを探るのと同じで、顧客側はベンダの営業担当者やソリューションエンジニアを色々な角度で評価して、本当に信頼できるか否かを常に検証しています。

初回のミーティングは2次面接

私は、顧客とベンダが行うエンゲージメントと、採用担当者と候補者が行う採用活動には共通点が多いと思っています。一般的に人材採用活動は以下のプロセスで進みます。

1. 募集要項を公開

2. 候補者は募集要項を見て応募

3. 採用担当チームは候補者のレジュメを評価
4. 1次面接
5. 1次面接の内容を複数人で評価
6. 2次面接
7. 最終プレゼンテーション面接
8. リファレンスチェック
9. 候補者にオファー
10. 内定

エンゲージメントの活動は次のとおりです。採用活動と比べると相違点もありますが共通点もあるかと思います。

1. 顧客は自社の状況や課題から適切と思われるSaaSソリューションをWebで調査
2. Webで調査した内容をもとに各ベンダにWebからコンタクト
3. ベンダ側のインサイドセールス担当者は顧客にコンタクト（＝1次面接）
4. ベンダ側の営業担当者やソリューションエンジニアは、インサイドセールス担当者と顧客の会話内容を評価（＝1次面接の内容を評価）
5. 顧客との初回ミーティング（＝2次面接）
6. 顧客とのデモやワークショップセッション（＝最終プレゼンテーション面接）
7. 実証実験（＝リファレンスチェック）
8. 金額や契約条件を交渉（＝オファー）
9. 契約成立（＝内定）

顧客との初回ミーティングの内容が顧客とベンダ双方にとって意味を成すものであったら、デモやワークショップに進みます。デモやワークショップの結果が同じように双方にとって価値のあるものであったら、実証実験を行って、SaaSソリューションが本当に自社の課題を解決できるか否かを検証します。

顧客との初回ミーティングは、採用活動の2次面接と同じです。机上での評価や1次面接は終わっています。挨拶や茶飲み話程度だと思っていたら大間違いです。

顧客もベンダも同等の立場

あえて強調したいことは、採用活動における面接官と候補者は常に同等の立場にあるということです。日本では一般的に、採用活動は面接官が候補者を一方的に評価して、募集要項で定義しているスキルセットや経験を持っていて、適切な人物像であるか否かを評価することと理解されているかもしれません。

人材を募集している側は、自社の目的を達成するためにふさわしい人材がいないという課題を抱えています。その課題を解決するために、募集要項を公開してふさわしい人材を探しています。

応募者は、自分自身のキャリア構築や給与などより良い条件を求めていて、その条件に合致するポジションを探しています。面接官が面接で「なぜウチの会社に応募しているのですか?」や「あなたの強みは何ですか?」のような、意味のない質問ばかりを候補者に投げかけていたら、候補者は応募を取りやめて別の募集要項を探すかと思います。

同様に、エンゲージメント活動においても、顧客とベンダは同等の立場にあります。顧客がベンダの人やSaaSソリューションを評価することと同じで、ベンダも顧客の状況や課題に対する向き合い方を評価しています。エンゲージメントは双方にとって価値のあるものでなければ意味を成しません。

本節のまとめ

1. 顧客とのミーティングは顧客の時間を奪うこと。ミーティングの目的が合っていることを事前に何度も確認する。
2. 顧客との初回ミーティングは、採用面接の2次面接と同じ。1次面接は終わっていて、顧客・ベンダともにお互いの印象を持っている。
3. 顧客もベンダも同等の立場。ベンダも顧客を正しく見極めるべきである。

Chapter 4

顧客課題の発掘

4.1 真の課題は誰も知らない

顧客・ベンダの双方が資格を持たなければならない

Chapter2で、ソリューションエンジニアリングの根源的なゴールは、「技術的な勝利」である、と述べました。技術的な勝利とは、顧客の課題を解決するための技術的なビジョンや要件を可能な限り詳細に定義し、それらのビジョンや要件を実現できることを証明することだと説明しました。

しかし、顧客側の担当者が課題を持っていなかったり、担当者自身に行動を起こさなければならない明確な理由がなかったりする場合は、課題解決のビジョンや要件を実現できることについて、証明のしようがありません。

昨今はデジタルテクノロジの進化と共に顧客の課題も複雑化しており、自社の課題が何なのか、端的に言語化して他人に説明できる人は稀です。真の課題は顧客側の誰も知らないため、ベンダ側も知りようがありません。

本章では、顧客とのミーティングでソリューションエンジニアが顧客にどんな質問を投げかけて、顧客から返ってきた質問にどのように応答するかで、顧客とベンダ双方がエンゲージメントを推進する資格があるか、その適切な判断方法について説明します。

一つでも合致すれば資格がある

端的に言語化して定義することが困難な課題発掘のみに焦点が当たってしまうと、商談は進みません。このため、課題発掘以外のポイントにも目を向ける必要があります。私は下記の点に一つでも合致すれば、その相手はエンゲージメントを推進する資格があると考えています。

- ✔ 課題が何なのか突き止めようとしていて自ら何らかの行動を起こしている
- ✔ 課題定義および解決のために正式なプロジェクトが発足されており、そのプロジェクトの一員としてアサインされている

課題を発掘するためには、顧客とベンダの双方が自分自身で、本当の課題は何なのか？ と常日頃から考えなければなりません。

「テクノロジは複雑過ぎるので」や「ソリューションがあり過ぎるので」と何らかの理由をつけて自分自身で考えることを止めてしまっていては、いつまで経っても真の課題を突き止めることはできません。

課題に向き合っていない相手との会話例

人は誰しも自ら行動を起こして、自ら失敗や成功を経験することで学んでいくものです。顧客という相手も人のため、自ら行動を起こさなければ、失敗や成功を経験することはできず、何かを学ぶこともできません。

以下は、課題に向き合っていない相手との会話例です。情報セキュリティ部門の部門長を想定しています。

外部情報から、3年前に起こってしまった、御社の情報漏えいの事故を確認いたしました。御社のような社会インフラを支える業態ですと、セキュリティインシデントによるインパクトは甚大かと推測しています。

セキュリティインシデントを未然に防ぐためのお取り組みを、差し支えない範囲で伺ってよろしいでしょうか？

はい、あの事故ですね……まあ、あれは情報漏えいを起こした社員個人の問題なので。特別なケースですよ。

社員ご個人の問題とおっしゃるのは?

説明したとおりですよ。情報漏えいを起こした社員個人が悪かったのです。PCにインストールされていたアンチウィルスソフトウェア(以下、EDR)を意図的に停止していたのですよ。全く信じられません。

そうだったのですね。

一般的には、EDRのポリシーはセキュリティチーム側で管理していると思います。今回のようにユーザ様ご自身が意図的にEDRを停止しても、常に起動するポリシーで運用することで、不正な振る舞いやマルウェアを常時検知できるようにするのですが。

(耳を貸さない態度で)まあそうなんでしょうね。でも、あの事故は防ぎようがなかったんですよ。

(ややムッとした口調で)まあ、あれは終わった話ですからね。それより、あなたの会社のSaaSソリューションって何のソリューションでしたっけ?デモを見せてくれませんか?

……

ご興味を持っていただきありがとうございます。部長、お言葉を返すようで恐縮でございますが、このミーティングの目的は情報セキュリティ部門様の喫緊の課題と、課題に関する部長のお考えを伺うことになっています。状況をもう少し教えてください。

(面倒くさそうに)ああ、いいですよ。他にどんなこと知りたいですか?

極端過ぎる例ですが、こういった会話は実際にあります。この例では、相手は過去に起こった情報漏えい事故は、事故を起こしたユーザ個人の問題と断定していて、それ以外の要因について向き合っていないことが分かります。

ソリューションエンジニアが「EDRのポリシーは一元管理されることが一般的で、ポリシーに不備があったのでは?」と探りを入れても、相手は耳を貸していません。情報セキュリティ部門の責任者であるにもかかわらず、過去の失敗は特定の個人が原因、私を含むその他の人員には非はないといった態度で、自ら何が問題で改善するためにはどのようにすべきかを考えていないのです。かつ、ミーティングの目的とかけ離れたこと(=デモを見せてくれませんか?)を要求しています。このような相手の場合、エンゲージメントを推進する資格はありません。

課題に向き合っている相手との会話例

以下は、課題に向き合っている相手との会話例です。先ほどと同じで、相手は情報セキュリティ部門の部門長を想定しています。

外部情報から、3年前に起こってしまった、御社の情報漏えいの事故を確認いたしました。御社のような社会インフラを支える業態ですと、セキュリティインシデントによるインパクトは甚大かと推測しています。

セキュリティインシデントを未然に防ぐためのお取り組みを、差し支えない範囲で伺ってよろしいでしょうか?

はい、事前にお調べいただきありがとうございます。

あの事故の原因は大きく二つあったと思っています。一つはテクノロジ依存です。サイバーセキュリティはテクノロジだけでどうにかできるテーマではないにもかかわらず、EDR製品を導入しているのだからユーザが利用しているPCのセキュリティ対策は万全といった、暗黙の了解が組織に蔓延していました。

もう一つは、トップマネジメントのサイバーセキュリティに対する意識の低さです。これは主に私の努力不足と感じています。情報セキュリティ部門を統括している者自ら自社の経営を勉強して、テクノロジのバックグラウンドを持っていないトップマネジメントと共通の言語で、課題やビジョンを協議できるような文化を醸成しなければいけません。

ありがとうございます。テクノロジ依存の例はごもっともかと感じています。『Cyber Defense Matrix』※1でも定義されているように、セキュリティインシデントが発生した後のフェーズはテクノロジではなく、人やプロセスへの依存度が高くなります。

そのとおりですね。私共も、特にインシデントが発生した後の対応は、セキュリティイベントモニタリングソリューションを利用して、個々人の偏見を排除しながら冷静に状況を分析して、事実に基づいた素早い判断を行うように心がけています。

そのためには、チームメンバー全員が、日々事実を素早く掴む意識を持たなければならないと感じています。

お考えを共有いただきありがとうございます。確かに人への恒常的な意識付けは大切で、永遠のテーマですよね。

例えば、SaaSソリューションを利用して、発生しているセキュリティイベントの重要度を自動的に定義するような方法はお考えでいらっしゃいますか?

もちろん、最終的には人による判断が必要になりますが、SaaSソリューションで予めセキュリティイベントのノイズを減らすことができれば、メンバー様の意思決定の質を向上できるのではと考えています。

それは興味あります。御社のSaaSソリューションにはそのようなユースケースがあるのですか?

相手は、ソリューションエンジニアからの「過去に経験した失敗からどんな教訓を得ているか」との問いかけに対して、端的に二つあると答えています。

過去に起こった事故に常日頃から自分事として向き合っていなければ、短い言葉ではっきりと答えることは困難です。短い言葉ではっきりと答えられるのは、課題に真剣に向き合っていることの証拠です。

他の誰かがビジョン形成を手伝っている

既にプロジェクトが発足している、予算や期限が決まっていて、かつそのプロジェクトに相手がアサインされているということは、相手は課題解決のビジョンを数カ月以上にわたり探している可能性が高いと言えます。このような相手は、エンゲージメントを推進する資格を持っています。

ただし、このケースには注意が必要です。『ニュー・ソリューション・セリング ～顧客と販売員をともに成功へ導く販売プロセスとは～』※2で述べられているように、このケースは相手が既に課題解決策のビジョンを持っていて、そのビジョン形成を他の誰かが手伝っていることを示唆しています。既にビジョンを持っている相手に新たなビジョンを植え付けることは困難です

実際の会話例は不快な表現になりがちなため、詳細な記載は避けますが、相手からより具体的なSaaSソリューションの機能に関する質問やある特定のユースケースに限定された質問が出た場合は、相手は課題解決策のビジョンを持っていて、かつそのビジョン形成を他の誰かが手伝っている可能性があります。

図4.1.1は、相手からの質問や発言の内容を、大きく四つの領域で整理した図です。相手の質問や発言が右上にあればあるほど、顧客・ベンダの双方にエンゲージメントを推進する資格があると考えられます。

ドメインA	ドメインC
課題発掘に焦点が当たっていてかつ具体性の低い質問 クラウド環境の設定ミスが気になっているのですが、他の会社様はどうされているんですか？ 設定ミスが原因でデータが漏洩したってニュースをよく耳にするので……。 **顧客・ベンダ共に資格があるか不明**	**課題発掘に焦点が当たっていてかつ具体的な質問** 弊社はS3バケットに多くの機密情報を保管しています。パブリックアクセスが許可されているS3をリストアップして、早急にリスクを検出したいのですが御社のSaaSソリューションでは可能ですか？ **顧客・ベンダ共に資格がある可能性大**
ドメインB	**ドメインD**
課題発掘と無関係かつ一般的な質問 最近、クラウド環境の設定ミスからデータが漏洩したってニュースをよく聞きますよねぇ。そもそもクラウド環境の設定ってそんなに大変でしたっけ？ 御社のSaaSソリューションは簡単に設定してくれるんですか？ **顧客に資格がない可能性大**	**課題発掘と無関係でかつ具体的な質問** 御社のSaaSソリューションはパブリックアクセスが許可されたS3バケットをリストアップできますか？ できるとしたらどのような仕組みでリストアップするのか詳細に教えてください。 **ベンダに資格がない可能性大**

図4.1.1　顧客からの質問マトリックス

自分がポールポジションにいないことが分かったら

相手の質問や発言内容から、相手は既に課題解決策のビジョンを持っていて、かつそのビジョン形成を他の誰かが手伝っていることが分かったとします。そのようなシーンでソリューションエンジニアが検討すべきことは、主に二つあります。

ビジョンリエンジニアリング

一つは「ビジョンリエンジニアリング」です。ビジョンリエンジニアリングとは、相手に様々な観点の質問を体系的かつ相手を不快にさせない順序やトーンで投げかけて、既に相手が持っている課題解決策のビジョンが不十分であり、他に検討しなければより良い課題解決策にはならないと気づかせることです。

ビジョンリエンジニアリングのポイントは、相手が持っているビジョンを決して否定しないことです。人は得てして、何カ月以上も苦労して発見したことを昨日今日会ったばかりの関係の薄い人から否定されたら、面白くないものです。

相手が他のSaaSソリューションベンダの営業担当者やソリューションエンジニアと何度もミーティングやデモを重ねて、課題解決策のビジョンを何カ月もかけて築き上げたとします。そのビジョンを、数時間前に会ったばかりの別のSaaSソリューションベンダのソリューションエンジニアから、「そのビジョンは間違っている」「それでは根本的な課題の解決策にならない」のように言われて、気分の良い人はいません。

ビジョンリエンジニアリングに臨む際に意識すべきポイントを次に示します。

- ☑ 相手との信頼関係がどの程度醸成できているか
- ☑ 相手が持っているビジョンを否定しない
- ☑ 相手の課題に焦点を当てる
- ☑ 課題とビジョンに大きなギャップがあることを探す

クラウドセキュリティソリューションの場合

クラウドセキュリティソリューションでの、ビジョンリエンジニアリングの会話例を見てみましょう。相手は情報セキュリティチームのセキュリティエンジニアを想定しています。

○○様は、SOCチームでインシデントレスポンスをご担当されていると伺っておりますが、現在のSOCチームの状況はいかがでしょうか？

はい。現在は私を含めて約10名のチームでインシデントレスポンスを担当しています。クラウド環境は常に状態が変化するため、新しいイベントが毎分のように上がってきて、てんてこ舞いですね……。

お察しいたします。特に御社のような社会インフラを支える業態はサイバー攻撃者の格好の的で、新しい攻撃が常に発生しているのではと推測しています。

そうなんですよ。弊社の上層部も、2021年5月に米国のコロニアルパイプラインで発生したサイバーセキュリティ事故以降、敏感になっています。ここ数年は特にインシデントレスポンスに力を入れて取り組んでいます。

お答えいただきありがとうございます。もう少し具体的にお取り組みを伺ってもよろしいでしょうか？

はい。現在は、インシデントが発生する前にクラウド環境にどんなリスクが潜んでいて、どんなセキュリティインシデントが起こりうるかを事前に検知して対応する策を検討しています。

クラウドネイティブアプリケーション何とかってソリューションらしいですね。名前は忘れてしまいましたが……。

クラウドネイティブアプリケーションプロテクションプラットフォーム（CNAPP）ですね？

そうCNAPP！ 何だか長ったらしい名前で口を噛みそうになりますね。

御社のSaaSソリューションはCNAPPのユースケースもあるようですよね？ クラウド環境をリアルタイムでスキャンすることはできますか？

はい、弊社のSaaSソリューションは大きく10のCNAPPのユースケースを持っています。リアルタイムスキャンには対応していません。

なるほど、リアルタイムではないのかぁ。

念のため確認したいのですが、なぜリアルタイムにこだわっていらっしゃるのでしょう?

いや、当たり前じゃないですか。マルウェアが混入しているのにリアルタイムで検知できなければ、そのマルウェアに悪さされてしまって大変なことになりますよね?

お考えをいただきありがとうございます。そのとおりですね。と同時に、今一度冷静にお考えいただく必要もあると感じております。

マルウェアにも色々な種類がありますが、大抵のマルウェアは、侵入、初回アクセス、管理者権限の掌握、水平移動、攻撃、撹乱といった、複数のステップで段階的に対象のクラウド環境を攻撃するケースがほとんどです。

侵入に成功したら即攻撃が発生することは稀かと思います。かつ、一般的に、重大なセキュリティインシデントにかかる修復時間は最低でも2週間と言われています。

クラウド環境のリスクをリアルタイムで把握したとしても、現在対応中のリスクの修復が完了していないため、あまり意味を成さないのではと感じています。

なるほど2週間かぁ……。確かにウチでもそのくらいはかかっているよなぁ。

リアルタイム性にこだわるよりは、広範なワークロードを検出できる範囲性にこだわる方が得策ってことですか?

この場面では、ソリューションエンジニアは相手が持っている「リアルタイム性が大切だ」とのビジョンを否定せずに受け入れた上で、「同時に」といった言葉を使って別の観点で意見を述べています。その意見に対して相手は反応して、「範囲性」といった新たなビジョンを形成しようとしています。

この例は理想的なビジョンリエンジニアリングの例です。後続の会話では、相手の課題に焦点を当てて、さらなる課題解決策のビジョンを形成するとより良いかと思います。

エンゲージメントの撤退

次に、エンゲージメントの撤退を見てみましょう。これは文字どおり、エンゲージメントから撤退すること、その顧客との正式契約を諦めることです。エンゲージメントの撤退を判断するために確立された基準はありませんが、次の条件に複数個該当する場合はエンゲージメントの撤退が得策かと考えています。

1. 相手が課題を理解していて、組織としてその課題を認めている
2. 課題解決策のビジョンを複数持っている
3. 具体的な要件が文書化されていて、要件に他SaaSソリューションからインスパイアされたと思われる文言がある
4. 他SaaSソリューションベンダと強固な関係を持っている

特に、3と4が該当する場合はエンゲージメントの撤退が得策です。ビジョンを超えた具体的な要件が文書化されているということは、相手が持っているのは課題解決策のビジョンではなく、課題解決策の具体的な要件です。この場合はビジョンリエンジニアリング云々の話ではありません。よほどの飛び道具がないと、具体的な要件を覆すことは困難です。

営業担当者やソリューションエンジニアの時間や労力は、会社組織からしたら重要な経営資源です。エンゲージメントの撤退が得策と100％断定することは不可能ですが、極めて契約が困難な顧客とのエンゲージメント活動に両者の時間と労力を割くことは、経営資源の無駄遣いとなり、会社組織にとって致命的です。

ソリューションエンジニアは、顧客の根本的な課題を探り当てて解決

策を組み立てる専門家である以前にビジネスパーソンであり、自社にとっての売上や利益目標を達成することが根本的なミッションです。自分がどのように会社や社会に貢献しているのかを意識すべきです。

本節のまとめ

1. 真の課題は顧客側の誰も知らないため、ベンダ側も知りようがない。課題の発掘そのものだけにこだわらない。
2. 課題が何なのか突き止めようとしていて顧客自らが何らかの行動を起こしていることが大切。
3. 他の誰かが顧客のそばにいてビジョン形成を手伝っていることを忘れてはならない。
4. ビジョンリエンジニアリングは慎重に。相手との信頼関係の大きさが成否のカギ。
5. 顧客・ベンダの双方がエンゲージメントを推進する資格を持っていなければならない。双方に資格がないと分かったらすぐにエンゲージメントから撤退すべきである。

4.2 相手は誰でどんな責任を持っているのか？

複数の利害関係者

Chapter1で、利害関係者を把握することの大切さについて触れました。顧客も大なり小なり組織のため、ミーティングの相手も何らかの組織に属していて、何らかの責任を持っています。相手の責任と立場を理解することは、相手との会話を構造化してミーティングの生産性を高めるために不可欠です。

エンゲージメントの内容により利害関係者の数と役割は変わってきますが、次に示す利害関係者が登場する場合が一般的でしょう。

- ☑ プロジェクト責任者
- ☑ 現場担当者
- ☑ 最終意思決定者

最終意思決定者も人の子

最終的に正式契約を承認・否認する人は1人しかいません。これはどんなエンゲージメントにも共通して言えます。最終的な意思決定者の個人名・所属部署・役職を確認することは大前提です。

特に重要なのは、最終意思決定者がどんな経歴を持っていて、何に対して価値を感じるのか・感じないのか、どんな性格でどんな思考スタイルなのかを把握することです。

最終意思決定者も人の子なので、感情に左右されて決定を下すこともゼロとは言い切れません。どんな性格で何が好きで何が嫌いなのかを、可能な限り把握することは重要です。過去に承認または却下したSaaSソリューション投資プロジェクトのことが分かれば、何らかのヒントにもなるかもしれません。

一般的にこれは営業担当者の役目ですが、仮に営業担当者があまり意識を持っていなかった場合は、ソリューションエンジニアとしてもサポートするとよいでしょう。

顧客組織内の誰かに証明してもらう

しつこいようですが、ソリューションエンジニアリングの根源的なゴールは「技術的な勝利」です。技術的な勝利とは、顧客の課題を解決するための技術的なビジョンや要件を可能な限り詳細に定義して、それらのビジョンや要件を実現できることを証明することです。かつ、証明する相手は、最終意思決定者を含めて複数人います。

大抵の場合、最終意思決定者は部門長以上の役職者で、複数のプロジェクトを同時に統括していて、個々のベンダとのミーティングに毎回出席できるわけではありません。

直接会うことが困難であれば、他の誰かから間接的に証明してもらうしかありません。他の誰かに、最終意思決定者に向けてSaaSソリューションが自社のビジョンや要件を実現できることを証明しなければならない明確な理由がなければ、その他の誰かは自主的に行動を起こすことはありません。

チャンピオンを見つける

大切なことは、ベンダの代理人となって、SaaSソリューションが顧客のビジョンや要件を実現できることを顧客組織の複数人に証明しなければならない、明確な理由を持っている相手を顧客組織の中に見つけることです。

ベンダに代わって顧客組織内の複数人に価値を証明してくれる相手、欧米で有名なセールスフレームワークであるMEDDICではこの相手を「Champion」と定義しています。チャンピオンを見つけることは、エンゲージメントの成功率を高めるために不可欠です。

私は、次の属性を持った相手がチャンピオンになりうると思っています。

- ☑ 特定領域に関するある一定レベルの専門性を持っている
- ☑ 相手が誰であっても自分の意見を述べて、相手の意見を傾聴する姿勢を持っている
- ☑ 過去にSaaSソリューションの投資案件の承認を取ったことがあり、課題解決のプロジェクトを成功させた実績を持っている

上記の属性を持っている相手は、必然的に最終意思決定者を含む顧客組織内の複数人から一目置かれる存在になっているでしょう。直接会ったこともないソリューションエンジニアが証明するよりも、顧客組織内で一目置かれているチャンピオンに証明してもらう方が現実的です。

利害関係者の中のキーマン

エンゲージメントの初期のプロセスでチャンピオンを見つけることが理想ですが、現実はそんなに甘くありません。チャンピオンを見つけることができないまま、エンゲージメントが進むケースは多いと感じています。絶対に避けなければいけないことは、特定の相手をチャンピオンと思い込んでエンゲージメントを進めてしまうことです。

ファンとチャンピオンは似て非なるもの

私の個人的な感覚ですが、顧客側に「ファン」を見つけることは、そんなに難しくないと感じています。ここで言うファンとは、SaaSソリューションの機能やユースケースが好きで、ベンダのことに興味を持ってくれているだけの人です。これは、ソリューションエンジニアや営業担当者にとって喜ばしいことです。

しかしながら、いくらファンを増やしたところで、エンゲージメントは前に進みません。ファンはただのファンでしかなく、チャンピオンと違い、顧

客組織内の複数人に向かってSaaSソリューションの価値を証明しなければならない理由を持っていないからです。

かつ、得てしてファンは何かとベンダに口出しをしてくる傾向があります。興味を持ってくださっているので自然なことですが、その内容によっては、ベンダ側に大変な労力が発生することがあります。

注意が必要な例を見てみましょう。

- ✓ ドキュメントを見ると○○とありますが、これは何のことですか?
- ✓ デモを見たいので1時間ほどお時間を頂けませんか?
- ✓ 勉強のためにSaaSソリューションを触りたいので、30日間だけ無償で貸していただけませんか?

上記の要求に応えても、エンゲージメントが前に進むことはありません。ファンとチャンピオンは似て非なるものであることを常に意識して、ファンからの要求には真摯な態度で応対すべきです。

チャンピオン	ファン
ベンダに代わって、SaaSソリューションが顧客のビジョンや要件を実現できることを、顧客組織の複数人に証明する人	SaaSソリューションの機能やユースケースが好きでベンダのことに興味を持っている人
●主な属性や行動の特性	●主な属性や行動の特性
✓ ある一定レベルの専門性を持っている ✓ 自分の意見を持っていてかつ相手の意見を傾聴できる ✓ 論理的かつ建設的に議論を進める ✓ 必要以上にベンダに関与しない	✓ 高いレベルの専門性を持っていて技術が好き ✓ 強い持論を持っている ✓ 持論と異なる意見を持っている相手の意見を聴かないことがある ✓ 必要以上にベンダに関与してくる

図4.2.1　チャンピオンとファンは似て非なるもの

人の属性は日々変わる

人の属性は日々変わるもので、昨日のファンが未来のチャンピオンになるケースも考えられます。今はファンであっても、1カ月後にチャンピオン候補者になることもありえます。ソリューションエンジニアはファンの中からチャンピオン候補者を見つけて、チャンピオンになってもらうよう意識するべきです。

ポイントは、必ずしも役職者がチャンピオン候補者ではないことを意識することだと思います。プロジェクトの責任者が特定領域の専門性を持っていないため、プロジェクトのメンバーに技術的な判断を一任しているケースはよくあります。

一任されているメンバーは、プロジェクトの責任者から信頼されている証でもあるため、顧客組織の複数人にSaaSソリューションの価値を証明できる可能性があります。証明しなければならない明確な理由付けさえできれば、そのメンバーはチャンピオン候補者です。

本節のまとめ

1. 顧客側の利害関係者をできるだけ広く抑える。
2. 最終意思決定者も人の子。感情に左右されて決定を下すこともゼロではない。
3. 顧客の中にチャンピオン見つける。チャンピオンはソリューションエンジニアより顧客の内情を理解している。
4. ファンとチャンピオンは似て非なるもの。ファンからチャンピオンになりそうな人を見つけてチャンピオンになってもらう。

4.3 相手の脳に負荷をかけないように質問する

顧客はベンダからの質問を求めている

Chapter2では、相手の立場や責任範囲に応じて適切な質問を投げかけながら、相手が気づいていない潜在的な課題を掘り起こすことが大切だと述べました。ソリューションエンジニアにとって、相手の立場や責任、シチュエーションに沿って適切な質問を投げかけることは極めて大切な任務です。

相手の脳に負荷をかけてはいけない

これまで、顧客はある特定領域の専門性を持っていないため、自分がどんな潜在的な課題を抱えていて、どんなSaaSソリューションが課題解決に有用なのか理解できず苦しんでいるケースがほとんどと述べてきました。

顧客の中の利害関係者によって、立場や責任、ある特定領域に対する専門性のレベルは異なるため、悩みや苦しみの内容やレベルもまちまちです。事前の準備やミーティングでの会話から、相手の立場や責任に即した質問を順序立てて投げかけることが求められます。

かつ、顧客のどの立場や責任を持っている人でも、自分の脳にあまり負荷がかからない、簡単に答えることができる質問を好みます。質問が長く、質問しているソリューションエンジニアの意図が不明瞭なオープンクエスチョンを投げかけた場合、投げかけられた相手の脳には、答えるために高負荷がかかると予想されます。

オープンクエスチョンは自分の脳には負荷がかかりませんが、相手の脳には負荷がかかります。自分の脳に負荷をかけることなく相手の脳に負荷をかけることは相手にとって失礼なことであるため、絶対に避けるべきです。

初めから特定のトピックスを深掘りしない

まず意識すべきことは、あるトピックスにおいて、序盤はなるべく相手の脳に負荷をかけず、相手が簡単に答えることができてかつ答えたいことを、中盤から終盤は相手の脳にほとんど負荷がかからないクローズドクエスチョンを中心に投げかけることです。

次に意識することは、ミーティングの序盤に、ある特定のトピックスを深掘りし過ぎないことです。ミーティングの序盤は、可能な限り広く関連するトピックスをカバーすることを意識して、ある程度の範囲をカバーできてから、個々のトピックスを深掘りします。

全体をカバーしてから個々のトピックスを深掘りすることで、今の会話が全体のトピックスの中でどのトピックスなのか、各々のトピックスが関連付けられた会話ができます。

三つのチームへの質問例

例を見てみましょう。ここでは顧客のチームを、ソフトウェア開発チーム・クラウド環境運用チーム・セキュリティチームの3チームとし、各々のチームの職責を現場担当者と管理者とします。

図4.3.1は各々のチーム・相手の責任と、脳に負荷をかけることなく簡単に答えることができる質問の例です。

	現場担当者	管理者
ソフトウェア開発チーム	テスト自動化ツールをご利用されていると推測しておりますが、現在のコードセキュリティ対策の状況はいかがでしょうか？	テスト自動化はコードセキュリティを担保するために必須かと存じますが、自動化ツールでのカバー率はどらくらいでしょうか？
クラウド運用チーム	VMだけではなくコンテナやサーバレスのような資産もご運用されているかと思いますが、クラウド環境のご運用状況はいかがでしょうか？	マルチクラウドに共通したコスト管理についてはどのようにお考えでしょうか？
セキュリティチーム	AWSネイティブのセキュリティツールを複数ご利用されていると推測しておりますが、主なツールをお教えいただけないでしょうか？	共通のポリシーで管理することでSOCプロセスの質を向上できると思いますが、マルチクラウドのセキュリティ対策はどのようにお考えでしょうか？

図4.3.1　脳に負荷をかけない質問の例

次に、会話で見てみましょう。ここで紹介するのは、セキュリティチームの現場担当者への質問フローの例です。

事前にWebに公開されている事例を拝見しました。

皆様のチームでは主なクラウドサービスプロバイダとしてAWSをご利用されていて、セキュリティ対策は、AWSネイティブのセキュリティサービスを駆使して実施されていると認識しております。具体的な状況をお聞かせいただけないでしょうか？

事例を見てくださったのですね。ありがとうございます。

我々のチームでは、セキュリティイベント全般の管理ツールとしてAWS Security Hubを、脅威検知ツールとしてAWS GuardDutyを主に利用しています。

承知いたしました。同じようにSecurity HubやGuardDutyを運用されているお客様が多くいらっしゃいます。

特にGuardDutyは、検知できる脅威の範囲が広くて安心できる反面、検知内容の精度に課題を抱えているケースをよく聞きます。皆様の状況はいかがですか?

そうなんですよね。GuardDutyはノイズが多くて……。

つい昨日もAWSのルートユーザのクレデンシャルが利用されている旨のアラートを検知したのですが、ルートユーザのクレデンシャルが利用されたのはクラウド運用チームのメンバーがメンテナンス目的でルートユーザでログインしただけで、悪意があるわけではなかったんですよ。

そういうことですね。脅威検知の件につきまして、もう少し教えてください。セキュリティイベント全般の管理について伺います。Security Hubを運用されていて、GuardDutyと同じようなお悩みはありませんか?

今のところ、これといった悩みはないですね。Security Hubはイベント管理だけでなくコンプライアンスチェックもできるので、幅広いユースケースをカバーできています。

承知しました。現時点では脅威検知の精度の課題の方が優先度が高いということですね?

はい、そのとおりです。

承知しました。AWSネイティブのセキュリティサービス以外でも、脅威検知のユースケースをカバーできるSaaSソリューションはありますが、過去に評価をご検討されたソリューションはありますか?

この例では、ソリューションエンジニアがミーティングの前に顧客の導入事例をWebで調査し、相手は「AWSネイティブのセキュリティサービスを駆使してセキュリティ対策を行っている」との仮説を持っています。初めの質問はその仮説を検証するためのオープンクエスチョンで、相手の脳にかかる負荷を極力少なくしています。

一つ目の質問の答えとして、相手から「Security Hub」と「GuardDuty」という二つのキーワードが返ってきました。ソリューションエンジニアは、他の顧客との会話や一般的なGuardDutyの特性から相手の悩みを推測し、その推測を検証する聞き方をして、相手の脳にかかる負荷を軽減しています。

二つ目の質問の答えから、推測が正しいことが分かりました。ここでソリューションエンジニアは、脅威検知のテーマで深掘りすることを一旦置いておいて、セキュリティイベント全般のテーマに会話をシフトしています。序盤はテーマを可能な限り広げて、他の課題の発掘に注力しています。

三つ目の質問に対して、相手は特に優先度の高い悩みはないと答えています。ソリューションエンジニアはその答えに続いて、相手が「はい」か「いいえ」で答えることができる、相手の脳に負荷がかからないクローズドクエスチョンでこのテーマの会話を一旦閉じてから、次の脅威検知のテーマの深掘りに移行しています。

オープンクエスチョンをする際は、先に自分の仮説や理解を相手に示し、その仮説や理解を検証するような質問をして、相手の脳に負荷をかけないようにしましょう。かつ、序盤はテーマを可能な限り広げて、中盤以降で個々のテーマを深掘りすることで、相手が心地良いと感じる会話を持つことができると思います。

図4.3.2は先にトピックスの幅を広げて、後から個々のトピックスを深掘りする質問フローのイメージです。ミーティングの序盤は、トピックスAからFまで幅を広げることを意識し、中盤から終盤は質問の答えから関心が高いと思われる個別のトピックスを掘り下げます。この例では、トピックスAが最も顧客の関心が高いとしています。

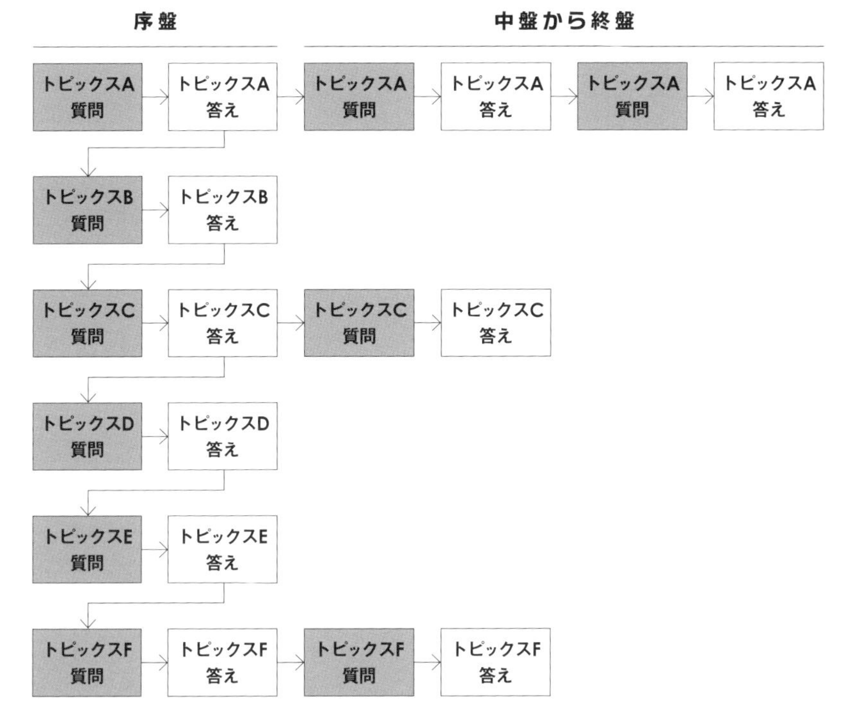

図4.3.2　先に広く後から深くの質問フローイメージ

顧客・ベンダ双方の対話が必要

顧客は、ベンダから一方的に質問されるだけだと尋問されているように感じ、脳にも身体にもかかる負荷が高くなってしまいます。ディスカバリーワークショップとは、顧客・ベンダ双方の対話を通じて、顧客自身が気づいていない新たな悩みや課題、課題解決のアプローチを発見する場です。ディスカバリーワークショップは、ベンダからの一方的な質問ではなく、顧客・ベンダ双方の対話を高めるための有効手段です。

ディスカバリーワークショップで意見をぶつけ合う

ディスカバリーワークショップで大切なことは、顧客がベンダに説明する時間を多く取ることです（**図4.3.3**）。人前で自分の考えを説明するためには、自分の考えを整理して短い言葉で理路整然と表現できなければなりません。

アジェンダ

14:00-14:30　クラウドとは？ セキュリティとは？ クラウドセキュリティの大原則
14:30-15:00　なぜ○○SaaSソリューションが誕生したのか？
15:00-15:30　主なユースケース

15:30-15:45　休憩

15:45 - 16:40　○○様のチャレンジ

- 現在の状況と課題
- これまでに実施された施策とうまくいったこと、いかなかったこと
- 課題解決のビジョン、○○SaaSソリューションが提供できるユースケース

16:40-16:45　まとめ・次のステップ

図4.3.3　ディスカバリーワークショップのアジェンダ例

本書で再三触れていますが、顧客はある特定領域の専門性を持っていないため、自社の課題が何でなぜなのか、自分の考えを整理して端的に説明できることは稀です。ただし、自分の考えが整理されていない段階で、あえて人前で話をすることで、自分の考えが整理されることはよくあるかと思います。

これは、ディスカバリーワークショップの大きな狙いの一つです。

多くの顧客は、ベンダが主催するディスカバリーワークショップをSaaSソリューションのトレーニングセッションと勘違いしていると感じています。

SaaSソリューションのトレーニングセッションは、ベンダ側の講師が予めテーマを設定して、そのテーマに沿ってコンテンツを出席者に与える場ですが、ディスカバリーワークショップは逆です。顧客がベンダにコンテンツを与えて、与えられたコンテンツに対して、顧客・ベンダの双方が各々の意見をぶつけ合う場です。

失敗したときの機会損失が大きい

一般的に、ディスカバリーワークショップは顧客・ベンダの複数人が2～6時間程度のまとまった時間を費やすため、失敗したときの機会損失は莫大です。実施する前に、必ず顧客・ベンダの双方にエンゲージメントを推進するための資格があることを確認すべきです。

顧客が自ら課題発掘に向き合おうとしておらず、ディスカバリーワークショップと称したSaaSソリューションのトレーニングセッションを期待していることが分かったら、ディスカバリーワークショップを開催することは得策ではありません。

ディスカバリーワークショップ実施の前提条件の例を紹介します。仮にこの前提条件に顧客が難色を示したら、顧客・ベンダの双方がディスカバリーワークショップに進む資格がないことの示唆かもしれません。ディスカバリーワークショップに進む前に、再度課題発掘のためのミーティングを打診して、課題発掘からやり直すことも必要です。

- ☑ Google SlideやPowerPointを使って、ディスカバリーワークショップの前に4ページ以内で現在の課題とこれまでの対策状況をまとめて、ベンダと共有する
- ☑ ディスカバリーワークショップでは、事前に共有された資料を顧客がベンダに説明する

リハーサルは必須

ディスカバリーワークショップに進むことの合意が取れたら、ソリューションエンジニアは開催前に準備を進めます。顧客・ベンダ双方の複数人を2時間～2日程度拘束することは、失敗した場合はそれだけ大きな機会損失が発生することになります。

出席者全員に「ディスカバリーワークショップに参加して意味があった」と感じてもらうことが、最低限達成しなければならないゴールです。

ディスカバリーワークショップのアジェンダやコンテンツに沿って、自身で声に出してプレゼンしながら、アジェンダの順序やコンテンツの内容が顧

客の課題や興味に合っているか、入念にチェックすべきです。可能であれば、営業担当者や上司など、社内の関係者にお願いしてリハーサルを行いましょう。

本節のまとめ

1. 顧客はベンダからの質問を求めている。相手の立場や責任、シチュエーションに沿って適切な質問を投げかける。
2. 相手の脳に負荷をかけてはいけない。質問は自分の仮説をもとに短く端的に行う。
3. 初めから特定のトピックスを深掘りしない。まずは広く幅を広げて後から深く掘る。
4. ディスカバリーワークショップを開催して、顧客・ベンダ双方の対話を広げる。ベンダからの一方的な尋問は避ける。
5. ディスカバリーワークショップは失敗したときの機会損失が大きい。顧客・ベンダ双方が資格を持っているか常に確認する。

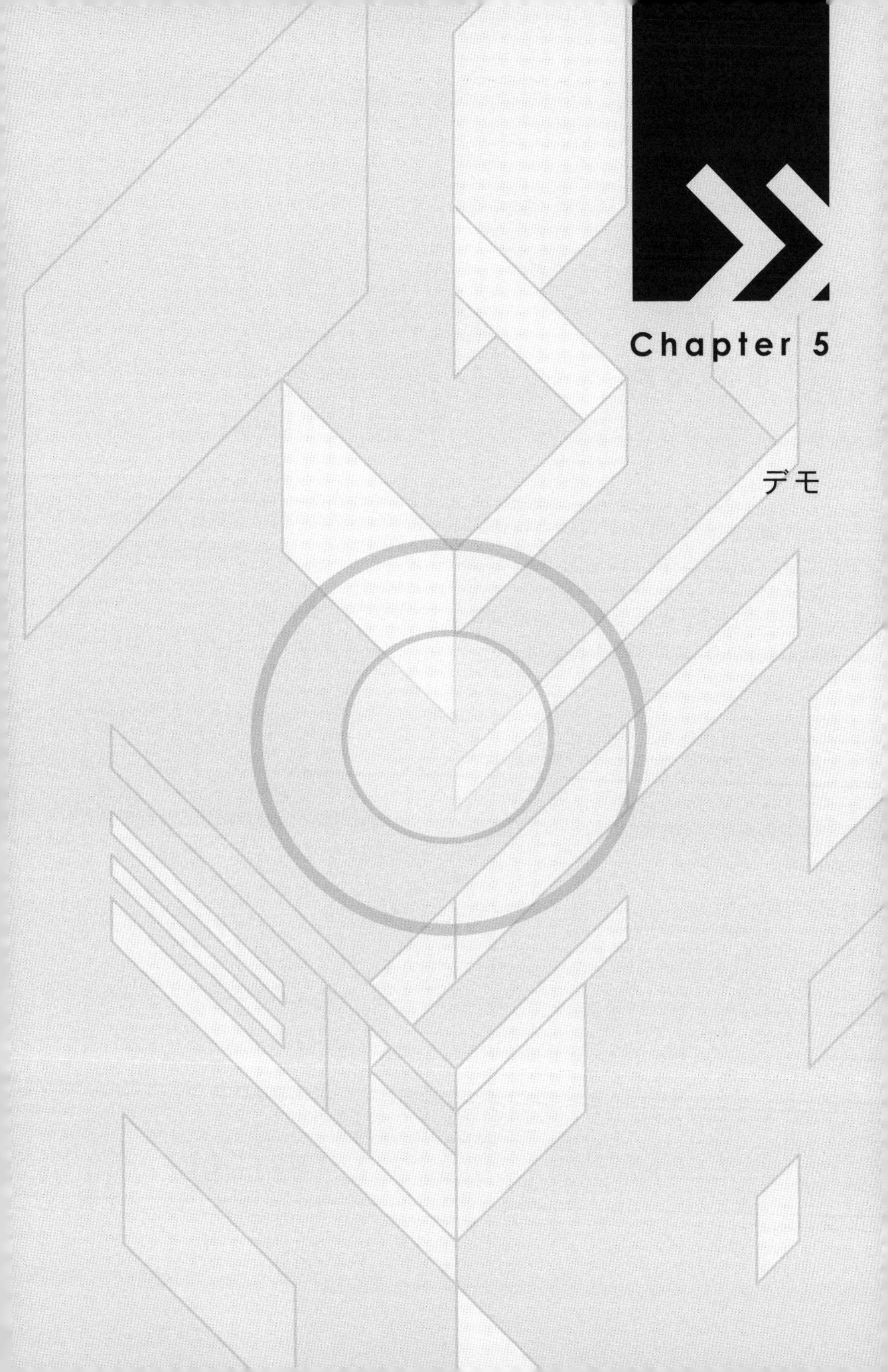

Chapter 5

デモ

5.1 デモとは

顧客の課題を解決できることを証明すること

顧客とのミーティングの結果、顧客・ベンダの双方にエンゲージメントを進める資格があることが確認できた、つまり、顧客に課題があって、その課題が自社のSaaSソリューションが持つユースケースと大きくかけ離れていないことが判明したら、デモを行い、クロージングに向けてエンゲージメントを前に進めます。

「デモ」とはDemonstrationの略語で、Demonstrationとは、日本語だと「証明」や「実演」のことを言います。デモとは、顧客の課題は自社のSaaSソリューションで解決できることを証明することです。

潜在的な課題はいつでも発見できる

ベンダ側が顧客の課題を深く理解していなければ、証明することはできません。そもそも顧客側が自社の課題が何なのか深く理解していなければ、ベンダ側が顧客の課題を理解する術はありません。この大前提を、エンゲージメントに関わるベンダ側、顧客側の全ての利害関係者と共通認識を持つことが出発点になります。

理論上、デモに進んでいるということは、顧客・ベンダの双方にエンゲージメントを進める資格がある、つまり、顧客が課題を持っていることが明らかになっていることになります。

しかしながら、デモの時点で顧客の利害関係者全員が自社の課題を深くかつ体系的に理解しているケースは稀だと感じています。矛盾しているかもしれませんが、デモに進んでいても、顧客の課題が顕在化されているわけではないことを常に意識しておく必要があります。

顧客にビジョンを与える

デモのもう一つの側面にビジョン形成があります。顧客はある特定領域に対して深い専門性を持っているわけではないため、デモを見ながら自社の課題や解決に向けてのビジョンを探しています。

デモを開始した時点では、顧客は何となく課題を把握しつつあるものの、課題が具体化していないケースは多いと感じています。顧客は自身の目でSaaSソリューションのコンテンツを見たり、自身の耳でデモシナリオを聞いたりしながら、自社の課題や解決に向けてのビジョン形成を図っています。

ソリューションエンジニアは、デモを実施する中で顧客の表情や仕草を注意深く観察して、何らかのサインを感じ取ったらデモを一時停止して、顧客が探しているビジョンを与えているかどうか、チェックすべきです。人は誰しも自分が頭の中で探しているビジョンと関係のない話を続けられると、思考が妨げられるので不快になるものです。

既にビジョンを持っている顧客もいる

忘れてはならないことは、何らかのビジョンを持っている顧客もいるということです。Chapter4で触れたとおり、顧客のそばにはビジョン形成を手伝っている他の誰かがいます。また、既に顧客が同じカテゴリのSaaSソリューションを実際に利用していて、実際に経験したことをもとにした具体的な要件を持っていることも考えられます。

顧客が何らかのビジョンを既に持っている場合、顧客は自分のビジョンを軸に、ソリューションエンジニアのデモを評価しています。

顧客からより具体的、かつデモの文脈に合っていない質問が挙がったときは、顧客は既にビジョンを持っていて、そのビジョンとソリューションエンジニアがデモにより与えてくるビジョンに差異を感じていて、違和感を抱いているサインです。

このシチュエーションでソリューションエンジニアがまず意識すべきことは、顧客が既に持っているビジョンが必ずしも正解ではなく、他により良いビジョンもあることを顧客に気づかせることです。

当然、直接的な言葉で「あなたのビジョンは間違っている」といったことを言ってはいけません。1回のデモだけで既に持っているビジョンを覆すことは困難なため、時間をかけて、新たなビジョンを形成することに努めることが得策です。

デモシナリオとコンテンツの例

Chapter2で触れたことの繰り返しになりますが、大切なことは、デモはシナリオとコンテンツのバランスで、かつシナリオに主眼を置くことです。**図5.1.1**〜**図5.1.6**は、顧客がAWS・Azure・GCPを利用していて、クラウド環境の資産把握に課題を抱えている場合のデモシナリオとコンテンツの例です。

シナリオ	コンテンツ
こちらが弊社のSaaSソリューションのダッシュボードです。 AWS・Azure・GCP上に配備されているVM、コンテナ、サーバレスなど、複数のワークロードを一括で管理していることがご覧いただけます。	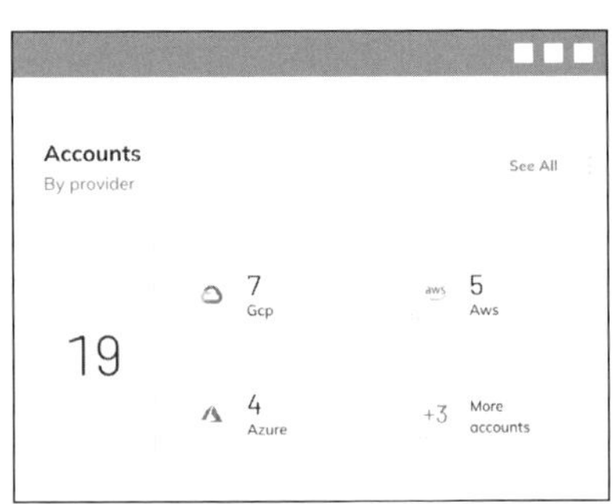

図5.1.1　デモシナリオとコンテンツの例①：マルチクラウド上の資産一覧

シナリオ

現在数千以上の資産を管理していますが、うち、数百は**停止しているインスタンス**です。**クラウド上の資産は常に状態が変化**します。弊社のSaaSソリューションは個々の資産にエージェントを導入する必要がないため、**停止しているインスタンスの状態についても把握**することが可能です。

コンテンツ

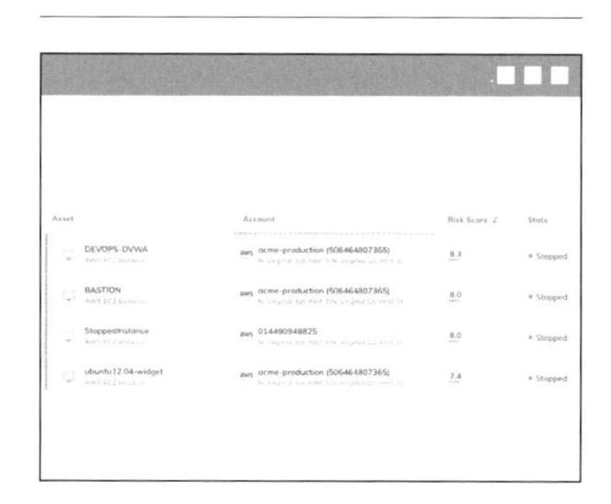

図5.1.2 デモシナリオとコンテンツの例②：停止しているインスタンスの状態も隈なく把握

シナリオ

例としてこちらの停止しているVMのセキュリティリスクを見てみましょう。
現在数千以上のアラートが検出されており、うち、**数十個は緊急度が極めて高いアラート**になっています。

コンテンツ

5.1.3 デモシナリオとコンテンツの例③：緊急度の高いアラートをハイライト

シナリオ

例としてこちらのマルウェアのアラートを見てみます。
既に**ランサムウェアと思われる危険なプログラムが混入**されているようです。

コンテンツ

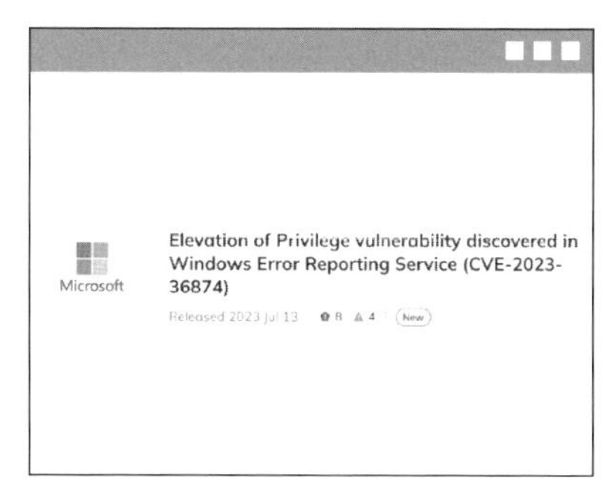

図5.1.4 デモシナリオとコンテンツの例④：既にマルウェアが混入

シナリオ	コンテンツ
攻撃者からの攻撃経路を見てみましょう。ランサムウェアが混入しているVMから、**バックエンドのプライベートなS3バケットにアクセスできてしまう環境**であることが分かります。	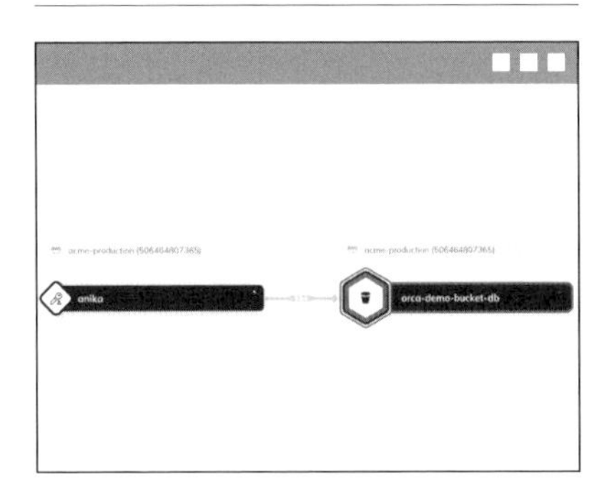

図5.1.5　デモシナリオとコンテンツの例⑤：攻撃経路を確認

シナリオ	コンテンツ
さらにS3バケットを見てみると、お客様の個人情報と思われる機密情報が暗号化されずに保管されています。 **ランサムウェアにより不正に暗号化されてしまい、莫大な額の金銭を要求されてしまう**可能性が極めて高いことが分かります。	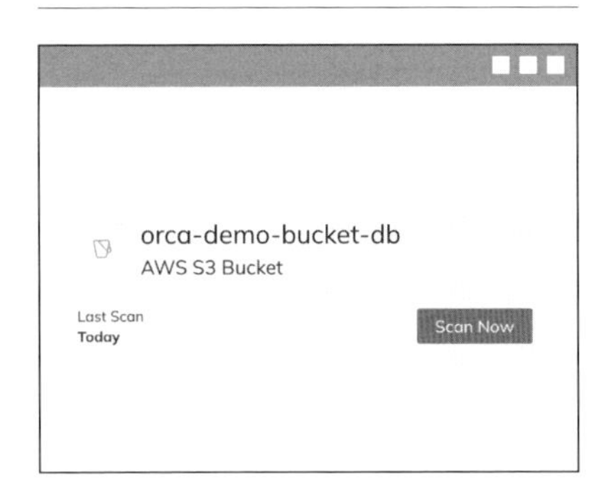

図5.1.6　デモシナリオとコンテンツの例⑥：S3バケットに機密情報を保管

このデモでは序盤の二つのシナリオ（**図5.1.1**、**図5.1.2**）で、顧客が抱えているマルチクラウド環境でのクラウド資産の管理に関する課題について、自社のSaaSソリューションでどのように解決できるのかを端的に示しています。特に二つ目のシナリオ（**図5.1.2**）で、ダイナミックに変化するクラウド環境上の資産をどのようなアプローチ（エージェントを使わない）で対応するかを具体的に説明しています。

三つ目のシナリオ（**図5.1.3**）以降は、顧客の課題に直接的な関連はありませんが、顧客が未だ気づいていないと思われる、さらなる脅威について先回りしてビジョンを与えています。

顧客の課題(と思われる)に合っているシナリオに主眼を置くことで、顧客は目に入るコンテンツを頭の中で自分の状況に置き換えながら、自身が抱えている根本的な課題は何なのか? と自問自答するようになります。自問自答の結果、何らかの質問を引き出せたらデモは成功です。顧客が自身の頭を使って問題解決に向き合い始めている証拠です。

顧客が目から情報を得る初めての機会

デモに限らず全てのエンゲージメントのプロセスに共通していることは、準備が大切であるということです。特にデモは、顧客の目に直接情報をインプットする場面が多く、顧客に与える印象はポジティブ・ネガティブにかかわらず、強く大きなものになります。

クラッシュはご法度

デモで絶対に避けなければいけないことは、「クラッシュ」です。クラッシュとは、SaaSソリューションの予期せぬ動作を指します。顧客は、デモを通じて自社の課題や解決のアプローチの具体化を図っています。具体化を図っている相手にクラッシュを見せてしまうと、相手の思考は一時停止し、その後再開できる保証はありません。

相手の思考が再開したとしても、課題解決の具体化とは遠い、全く異なるテーマに思考が推移してしまうことも考えられます。

「正常に動かないんだ」や「製品の質は低いみたいだね」のような印象を一度でも与えてしまうと、その印象を払拭してポジティブな会話に戻すことは困難です。

バグのないソフトウェアは世の中に存在しないため、クラッシュが起きないSaaSソリューションは世の中に存在しません。また、SaaSソリューションのクラッシュはSaaSソリューションを開発している組織の責任のため、ソリューションエンジニアに非はありません。

クラッシュ自体はソリューションエンジニアの責任ではありませんが、クラッシュを顧客に見せることなく、デモを円滑に進めることはソリューションエンジニアの責任です。事前にどのコンテンツにクラッシュが潜んでいるかを隈なくチェックすることが重要です。

アクションは隈なくチェックする

顧客の課題に即したシナリオとコンテンツが固まったら、デモで実施する全てのアクションを隈なくチェックすべきです。ここで言う「アクション」とは、マウスクリックやカーソルの移動、フォームへの文字入力やボタンの押下など、ソリューションエンジニアがデモで行う全ての行為を指しています。

特にSaaSソリューションの場合は日々新しい機能がリリースされ、常にコンテンツが変わります。オンプレミスのように、一度リリースされたソフトウェアがある一定期間アップグレードされずに固定されるわけではありません。

例えば、デモの2日前に入念に練習して、「シナリオもコンテンツも完璧だ」と感じても、いざデモの5分前に再度コンテンツをチェックしたら2日前にはあったはずのボタンが今はなくなっていて、パニックになった経験があるソリューションエンジニアは多いのではないでしょうか。

ソリューションエンジニアは、デモの数日前までに全てのアクションをチェックして、どこにどんなクラッシュがあるのかを把握しておくべきです。数日前までにチェックしたら、さらにデモ直前の10分ぐらい前にもう一度チェックして、更新されたコンテンツを確認しておくようにしましょう。

クラッシュしたときはどうする?

バグが潜んでいないソフトウェアは世の中に存在しないため、どんなに入念にチェックしたとしても、クラッシュしてしまうことはあるかと思います。デモの最中にクラッシュしてしまったときのために、予めリカバリープランを持っておくことが大切です。

クラッシュに遭遇してしまった際は素直に謝りましょう。課題解決のビジョンを探している顧客の目にクラッシュを見せてしまうということは、顧客の思考を混乱させ、不快にさせてしまうことです。不快にさせてしまったことを素直に謝って、クラッシュした画面をすぐに閉じて、顧客の思考を正常に戻すことが大切です。

以下はクラッシュした際の対応例です。デモはCI/CDパイプラインを流れているイメージのスキャンを想定しています。

（イメージスキャンポリシーの画面を見せながら）このポリシーに従って私のコードに潜んでいるOSSライブラリの脆弱性をチェックして、脆弱性を発見した際にはCI/CDパイプラインをストップすることが可能です。

（GitHubのRepoの画面を見せながら）こちらがサンプルコードです。予め脆弱性を含むOSSライブラリの参照を定義しています。

それではコードを編集、コミットしてCI/CDパイプラインを走らせてみましょう。

（コードを編集してコミット）

（CI/CDデリバリーパイプラインの画面を見せながら）コミットをトリガーにCI/CDパイプラインが起動しました。もう少々状況を見てみましょう。

（APIキーの不正によりクラッシュ！）……えーと……

（エラーメッセージからAPIキーが正しく設定されていないことを把握、CI/CDパイプラインの画面を閉じる）

大変失礼いたしました。APIキーが正しく設定されておらず、スキャンが正常に起動しておりません。大変申し訳ございません。

……（まあよくあることかもね）

この例では、APIキーの設定不備により、起動するはずのCI/CDパイプラインのスキャンが正常に起動せず、エラーとなりました。ソリューションエンジニアは、エラーメッセージからAPIキーの設定不備が原因であることを把握して、素早くCI/CDパイプラインの画面を閉じて、顧客の思考を正常に戻すよう努めています。

また、クラッシュの原因が分かったとしても、その場で修正作業を行わないことも大切なポイントです。この例ではAPIキーの設定不備が原因のため、修正するためには、正常なAPIキーを作成してCI/CDパイプラインツールのAPIキー変数を更新する必要があります。どんなに手慣れているソリューションエンジニアでも、この作業には最低5分は要すると思います。ましてや、顧客や営業担当者など、複数人が見ている前でこの作業を行うには緊張感が伴います。

クラッシュしたときは、その場で修正してデモ継続することは諦めて、素直に謝ることが得策です。

また、「これはデモなので、本来であれば正常に動作します」「今回はたまたまです」といった言い訳をしないことも大切です。顧客はSaaSソリューションそのものを評価するのと同時に、ソリューションエンジニアの人間性も評価しています。言い訳をするような人を高く評価する人はいません。

本節のまとめ

1. デモとは、顧客の課題は自社のSaaSソリューションで解決できることを証明すること。
2. デモの時点で顧客の利害関係者全員が、自社の課題を深くかつ体系的に理解しているケースは稀。常に潜在的な課題を発掘することを心がける。
3. 顧客はデモを見ながら自社の課題や解決に向けてのビジョンを探している。顧客の反応を見ながらビジョンを与えているかどうかチェックする。
4. 既に何らかのビジョンを持っている顧客もいる。顧客は、自分が既に持っているビジョンと、ソリューションエンジニアのデモが与えてくるビジョンの差異に違和感を抱いている。
5. デモは、顧客が目から情報を得る初めての機会。クラッシュはご法度。

5.2 鉄則：2分で見せろ！

誰もプロダクトツアーを望んでいない理由

Chapter2で、SaaSソリューションの機能を延々と顧客に見せる「プロダクトツアー」は絶対に避けるべきだと述べました。この節では、デモとその他類似した活動とを比較して、プロダクトツアーを避けるべき理由を掘り下げます。

デモと類似する活動

デモと類似する活動には、主に製品トレーニングとディスカバリーワークショップがあると考えています。

製品トレーニングとは、ベンダが提供する体系化されたトレーニングプログラムです。SaaSソリューションによってばらつきはありますが、一般的には数日程度の集合研修で、受講後に認定試験を受験して認定資格を得るような流れが多いと思います。

ディスカバリーワークショップとは、数時間～2日程度のディスカッションです。ベンダ側から選定されたファシリテーターの指導の下に、予め設定されたテーマについて参加者自らが考えや意見を出し合いながら思考を深める場です。

製品トレーニングとは目的も形態も根本的に異なる

製品トレーニングの最も大きな目的は、ベンダの製品に関する技術的な知識を体系的に習得して、受講者の知識を実務で活かせるレベルに引き上げることです。製品トレーニングを提供するベンダ側には、自社製品の技術者を市場に増やすことで自社製品の市場を広げるといった副次的な目的もあります。

デモの目的は、顧客の課題は自社のSaaSソリューションで解決できることを証明することです。受講者の技術レベルを引き上げることを目的とした製品トレーニングとは目的が根本的に異なります。目的が異なれば、提供する側にも受ける側にも求められるスキルセットが異なります。さらに、形態や必要な時間と労力も異なります。

製品トレーニングを提供するためには、ベンダが提供する製品トレーナー向けの認定プログラムを受講して、認定試験にパスする必要があります。AWSやマイクロソフトのような大企業では、製品トレーニングの提供のみをミッションとするトレーナー職が存在するほどです。ソリューションエンジニアが片手間で提供できるものではありません。

デモを進める中で、顧客から「○○の機能のデモはこの後にありますよね?」や「○○を設定するところから見せてもらえますか?」といった、合意したはずの顧客の課題とは直接関係のないことを求められることがあります。

この場合は、顧客がデモに製品トレーニングと同等のことを求めているサインです。各々の目的を整理してデモに集中するよう促すべきです。

製品トレーニング	デモ
受講者の、SaaSソリューションの技術スキルを引き上げることが目的	顧客の課題をSaaSソリューションで解決できることを証明することが目的
✔ 数時間〜数日	✔ 2分以内
✔ 受講者はほぼ受け身	✔ ソリューションエンジニア・顧客の双方が能動的に活動
✔ 講師は認定資格を取得する必要がある	✔ デモを行うための認定資格は不要

図5.2.1　製品トレーニングとデモの比較

ディスカバリーワークショップ

ディスカバリーワークショップはデモと最も類似する活動で、多くのエンゲージメントで行われているかと感じています(**図5.2.2**)。SaaSソリューションによって形態は異なりますが、一般的には2時間～2日程度のまとまった時間を使って、あるテーマについて顧客自らが自分の考えや意見を共有する場が多いと思います。

ディスカバリーワークショップの目的は、顧客やベンダが気づいていない顧客の潜在的な課題を掘り起こし、課題の優先順位や解決策のビジョンを形成することです。デモの目的と重複しますが、ディスカバリーワークショップはあくまで課題の掘り起こしに主眼を置いています。

再三の繰り返しになりますが、顧客はある特定領域の専門性を持っているわけではありません。エンゲージメントを進める中で顕在化した課題が本当に重大な課題なのか？ 他にもっと重大な課題が潜んでいないか？ 他の課題を掘り起こせないか？ と考えているはずです。

顧客は、ある特定領域の専門性を持ったソリューションエンジニアに、潜在的な課題の掘り起こしと課題解決のビジョン形成をリードしてもらうことを期待しています。

ディスカバリーワークショップ	デモ
あるテーマについて顧客自らが自分の考えや意見を共有することが目的	顧客の課題をSaaSソリューションで解決できることを証明することが目的
✔ 2時間～2日程度	✔ 2分以内
✔ 主に顧客が能動的に活動	✔ ソリューションエンジニア・顧客の双方が能動的に活動
✔ 失敗したときの機会損失が極めて大きい	✔ 失敗したとしても後続のプロセスでリカバリーできる可能性もある

図5.2.2　ディスカバリーワークショップとデモの比較

与えられた時間は2分

ディスカバリーワークショップとデモの最も大きな違いは、ベンダ側に与えられた時間です。ディスカバリーワークショップには2時間～2日程度のまとまった時間が与えられますが、デモにはそんな時間は与えられません。

デモのためのミーティングには1時間程度はもらえるケースがほとんどですが、デモそのものに与えられた時間は2分だけです。

顧客にとって2分は十分な時間

デモに進んでいるということは、重要度はさておき、顧客とベンダの双方が顧客の課題を認識していることになります。顧客は、双方が認識している課題に対する解決策を求めています。ソリューションエンジニアは、デモ開始後2分以内で顧客の課題に最も関係のあるコンテンツを見せて、顧客に「なるほど、これだ!」と思わせなければなりません。

デモ開始2分後に、顧客の興味や何らかの反応を引き出すことができなかったら、そのデモは失敗です。ソリューションエンジニアは、デモ開始後2分経ったら一旦デモを停止して、顧客の反応をうかがうべきです。

顧客からの反応が薄かったら、それは顧客およびベンダの双方が認識している課題がズレているか、それほど重要ではないことのサインです。事前に準備した後続のデモシナリオは一旦捨てて、残りの時間を使って顧客が探しているであろうビジョンと関係のあるコンテンツを見せながら、可能な限り柔軟に顧客のビジョン形成をサポートすべきです。

ビジョン形成デモは最も難易度が高い

顧客のビジョンを形成するためのデモと、顧客の課題を解決できることを証明するためデモでは、求められるテクニックが異なります。

課題を解決できることを証明するデモは、事前にデモシナリオとコンテンツを準備して、デモの前に全てのアクションをチェックしてからデモ本番に臨みます。このため、ある程度はソリューションエンジニア個人が、他の誰からも邪魔されることなくデモの場をコントロールできると思います。

ビジョンを形成するためのデモは、顧客の表情や仕草や発言など、その場の反応に応じて顧客に与えるメッセージやコンテンツを即興で判断する必要があり、前者よりもさらなる柔軟性と精度が求められます。

いずれのデモも、クラッシュは絶対に避けなければなりません。事前に入念にアクションをチェックしているのであれば、どのコンテンツでどのアクションをするとクラッシュするか、ある程度は把握できているため、クラッシュを回避することは簡単です。しかし、即興に依存するビジョン形成デモではそうはいきません。

そのボタンをクリックしてもらえますか？

顧客から、「そのボタンをクリックしてもらえますか?」や「そのリンクをクリックしたらどの画面に遷移しますか?」など、ソリューションエンジニア自身が今まで一度も試したことのないアクションを要求された場合は、その要求を断る勇気が必要です。

顧客にとって、事前に準備しているか、その場の即興かどうかは問題ではありません。顧客は純粋に、課題解決策のビジョンを探しているだけです。ビジョンを探している相手に対してクラッシュを見せてしまっては、相手の思考は停止してしまいビジョン形成どころではありません。

そのような要求には、「事前にアクションをチェックしきれていないため、この場でのアクションは控えさせてください」や「動作するかどうか不安なため事前に動作をチェックして、次回のミーティングにてご案内させてください」といった主旨の返答をして、正しいビジョン形成をサポートしたいことを顧客に伝えるべきです。

顧客に「できない」と伝えることは、恥ずかしいことでも間違いでもありません。できるかどうか不安なことを引き受け、顧客に取り返しのつかない印象を与えてしまうよりは、「今はできない」と伝えて次回に回す方が無難です。顧客だけでなく営業担当者他、社内の利害関係者の安心感も得られるはずです。

COLUMN

デモは本人の強みや個性が発揮される場

ここまでデモの鉄則について説明してきましたが、デモに絶対の正解はありません。鉄則はあくまで私が考える、いかなるデモにも共通する絶対に外せない基本的な原理原則であって、実際のデモの場では原理原則以外の個別の事象が多々あるかと思います。

最も大きな個別の事象は、ソリューションエンジニア本人が持つ強みや個性です。『さあ、才能に目覚めよう あなたの5つの強みを見出し、活かす』※1にあるように、人は誰しも34の強みを持っていて、人によって最も大きな五つの強みは異なります。その強みをデモで活かさない手はありません。

ソリューションエンジニアの皆さんは本章で述べた鉄則を守りつつ、ご自身の強みや個性をデモの中で発揮し、他の誰にもない唯一無二のデモを行って、顧客の課題解決を証明していただければと思います。

私個人は、ソリューションエンジニア本人の強みや個性は、「クラッシュはご法度」と述べていることと矛盾しているかもしれませんが、デモの中で起こるクラッシュのシーンで最も発揮されると感じています。

本節のまとめ

1. デモと、製品トレーニング・ディスカバリーワークショップは、目的も与えられる時間も根本的に異なる。
2. 顧客にとって2分は十分長い。2分以内で顧客の課題を解決できなければデモは失敗。
3. ビジョン形成デモは最も難易度が高い。どのような挙動をするか不安なアクションは絶対に避ける。
4. 顧客から「そのボタンをクリックしてもらえますか?」と要求されたらその場では断る。顧客に「できない」と伝えることは間違いではない。

5.3 Q&A管理の法則

Q&A管理の質はエンゲージメントを左右する

デモで顧客の課題を解決できることを証明、または顧客が気づいていない新たなビジョンを与えることができて、顧客から質問を引き出すことができたら、まずは成功です。ソリューションエンジニアにとっての次のミッションは、受けた質問を適切に管理することです。

全ての質問が同じ重要度ではない

せっかく引き出せた質問の内容を正確に把握する前に的外れな回答をしてしまったり、受けた質問を自分の都合のよいように解釈して杜撰な対応をしてしまったりすると、顧客の信頼を失い、エンゲージメントに支障が出てしまいます。

しかし、顧客から挙がってくる質問は多種多様なため、全ての質問に同じ労力をかけて答えることは現実的ではありません。多種多様な質問を的確に見極め、どの質問がなぜ重要なのかについて顧客・ベンダの双方で共通認識を持つことが、成功するQ&A管理の出発点となります。

顧客側からは様々な職責を持った方がデモに参加し、各々が様々な観点で質問を投げかけてくるかと思います。個々人の利害関係を適切に把握した上で、個々の質問に対応することが大切です。本書では、質問者と内容の特定を四つのカテゴリで定義します。

[質問者]

1. プロジェクトの責任者

2. チャンピオン

3. ファン

4. デモに呼ばれていないけど参加した人

[質問の内容]

1. 意図や焦点が課題解決に当たっていてかつ技術的な難易度が高い

2. 意図や焦点が課題解決に当たっていてかつ技術的な難易度が低い

3. 意図や焦点が課題解決に当たっていなくてかつ技術的な難易度が低い

4. 意図や焦点が課題解決に当たっていなくてかつ技術的な難易度が高い

図5.3.1は、各々の関連を表現したマトリックスです。

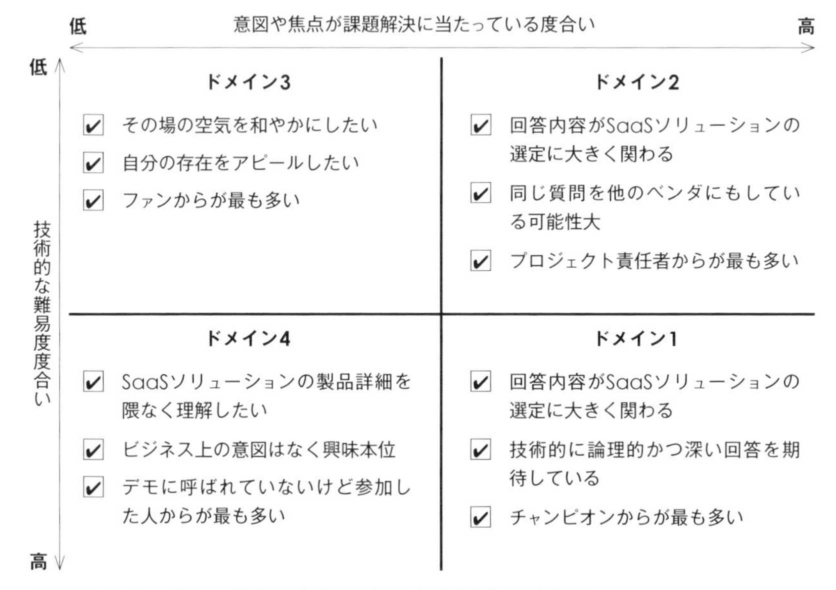

図5.3.1 デモで挙がる質問の特定と質問者の関連性

ドメイン1に該当する質問

このドメイン1に該当する質問が、ソリューションエンジニアが最も慎重に調査して回答を作成するべき質問です。質問元の多くはチャンピオン(ソリューションエンジニアに代わって、顧客の社内で推進してくれる人)であることが最も多く、質問者は、理路整然とした技術的に深い内容の回答を期待しています。

デモの中でのQ&Aのやり取り例を見てみましょう。相手はチャンピオンを想定しています。

(デモを一通り終えて)ここまでいかかでしょうか? ご質問等あれば、是非お願いします。

とても分かりやすいですね。ありがとうございます。バックエンドのプライベートなS3バケットにアクセスできてしまう環境であるとデモでご説明いただきましたが、御社のSaaSソリューションはどのように判断しているのですか?

ご質問ありがとうございます。弊社のSaaSソリューションは、お客様のクラウド環境のネットワーク設定やセキュリティ設定のような、メタデータをAPI経由で収集しています。

収集したメタデータを分析して、攻撃者がクラウド環境のどの資産に到達できてしまうかを把握することができます。

? それは、例えばS3バケットやオブジェクトのポリシーまで把握しているということですか?

ご認識のとおりです。IAMのポリシーのみならずS3個別のポリシーまで把握・分析した上で、攻撃者から見た攻撃経路を示しています。

(なるほど……でも本当かなぁ……? 本当だったら他のSaaSソリューションとの差別化になるかもなぁ)

承知しました。この場でなくてもよいので、もう少し詳細な仕組みをご説明いただけますか?

承知しました。この場では詳細な回答を持ち合わせていないため、社内の関連部門と協議して詳細を調査させてください。

詳細を調査するにあたって、ご質問の意図をもう少し伺いたいのですが……。詳細な仕組みを把握されたいのはなぜでしょう?

はい。既に何度かお話しておりますが、現在、弊社はCSPMやCWPPのユースケースをカバーできるSaaSソリューションを探しており、御社を含む複数のベンダ様とミーティングの場を持っています。

弊社はS3上にアプリケーションのコードから機密情報まで、多くの重要な情報を保管しており、S3が極めて重要なクラウド資産の一つです。S3のリスク検出に関する仕組みを可能な限り詳細に把握して、SaaSソリューションの選定ポイントの一つにしたいと考えています。

承知いたしました。ご説明いただきありがとうございます。社内で詳細を調査して、追ってご回答申し上げます。

この会話では、ソリューションエンジニアの、どのようにお客様のクラウド環境のリスクを分析するのかについての説明に対し、相手である顧客は具体的にどのようにやるのか？ と質問しています。

ソリューションエンジニアはその問いに対して、口頭でIAMポリシーだけではなくS3個別のポリシーまで複数の観点で分析していると説明しています。その回答に対して、相手はより詳細な仕組みを教えてほしいと主張しています。

このやり取りだけを見ると、相手は自分の知識欲を満たしたいだけの興味本位な主張に見えますが、ここでの相手はチャンピオンです。ソリューションエンジニアに代わって社内で推進しなければならない理由を持っているため、質問や主張にも何らかのビジネス上の意図があるはずです。

ソリューションエンジニアは、相手の「詳細な仕組みを教えてほしい」といった主張に対して、「はい、分かりました」と答えてその会話を終えるのではなく、なぜ詳細な仕組みを把握する必要があるのか？ と相手に質問し、相手からビジネス上の意図を引き出すことに成功しています。理想的なやり取りです。

相手はソリューションエンジニアに開発部門関係者など、ベンダ社内の関係者と協議して、自分の質問に対して技術的に深くかつ論理的な回答を期待しています。ソリューションエンジニアは慎重に回答を作成して、相手の期待を上回ることを意識すべきです。

ドメイン2に該当する質問

このドメイン2に該当する質問は、ソリューションエンジニアのみならず、営業担当者他、ベンダ側の全ての関係者にとって重要な質問です。質問はベンダ側の様々な職責の人から挙がりますが、プロジェクト責任者から挙がる傾向が強いと感じています。

デモの中でのQ&Aのやり取り例を見てみましょう。相手はプロジェクトの責任者を想定しています。

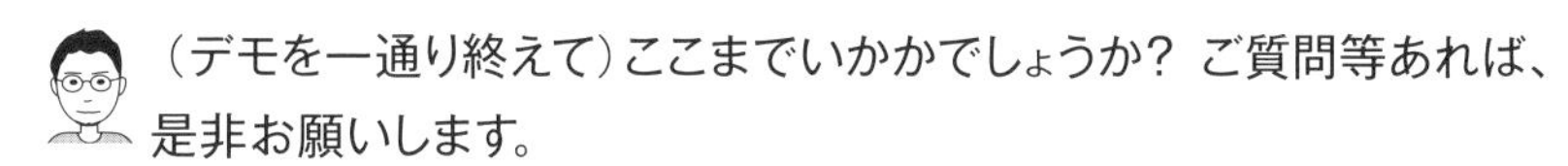

（デモを一通り終えて）ここまでいかがでしょうか？ ご質問等あれば、是非お願いします。

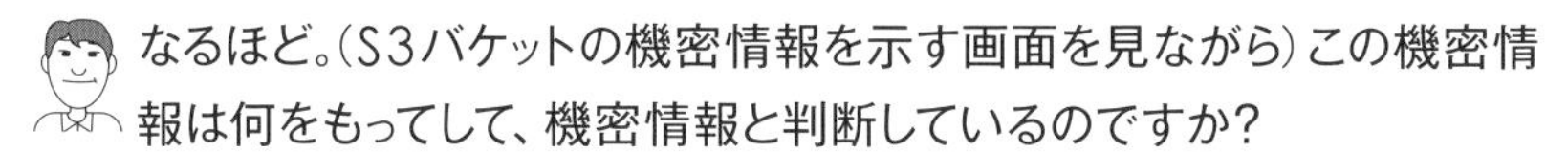

なるほど。（S3バケットの機密情報を示す画面を見ながら）この機密情報は何をもってして、機密情報と判断しているのですか？

ご質問ありがとうございます。機密情報の判定基準は二つあります。

一つ目は弊社のSaaSソリューションが予め定義している基準で、Emailアドレス、名前、住所などが基準になっています。

二つ目はお客様ご自身で設定できる基準です。正規表現で機密情報のルールをお客様ご自身で設定いただくことが可能です。

（なるほど……。精度はそれなりかもしれないけど、誤検知もそれなりなんだろうなぁ）

承知しました。他のSaaSソリューションにも当てはまることかもしれませんが、お話を聞く限り、機密情報の誤検知はゼロではないかと思います。

仮に誤検知を弊社のSOCチームで発見した際は、どのような対応になりますか？

ご意見、ありがとうございます。ご認識のとおり、弊社のSaaSソリューションも誤検知がゼロではありません。

仮にお客様側のSOCチーム様にて誤検知を検出した際は弊社のテクニカルサポート窓口にチケットをご起票いただき、テクニカルサポートエンジニアをアサインして詳細な調査を行い、回答いたします。

承知しました。(うちのSOCチームにかかる負荷をどうやって軽減しようかなぁ……)

別の機会で構わないので、御社のSaaSソリューションのリスク検知や精度に関する考え方や方針をご説明いただけますか?

承知いたしました。ご認識されているとおり、世の中に存在する全てのセキュリティSaaSソリューションは100%正常に稼働することはなく、大なり小なり誤検知の可能性があります。

可能であれば、弊社の製品開発部門の責任者から、弊社のSaaSソリューションの検知精度に対する考え方や将来のエンハンスメント計画をご案内する場を設けたいと思いますが、よろしいでしょうか?

承知しました。是非お願いします。

相手はプロジェクトの責任者で、顧客側の利害関係者で最も経験を持っていると思われます。過去の経験から、全てのSaaSソリューションは完全ではないことを理解しています。不完全なSaaSソリューションを利用して、どのように自社のSOCチームの成果を最大化できるかを考えているはずです。

この会話でソリューションエンジニアは、相手が自社のSaaSソリューションに完全を求めているのではなく、ベンダ側の製品開発方針や考え方も含めて、自社にとって最適なものを選択したいと考えていることを汲み取っています。

相手の意図に沿って、ベンダ側の製品開発部門責任者からSaaSソリューションの機能やユースケースだけではなく、製品開発の思想や将来のエンハンスメント計画を相手に説明することで、相手が持っているより広範な視点・視野・視座に応えようとしています。

相手の、「機密情報の誤検知はゼロではないと思う」との意見に対して、「いや、ゼロだ。うちは精度が高くて他とは違う」といった主旨の回答は意味を成さないため、絶対に避けるべきです。プロジェクトの責任者は、SasSソリューションの機能やユースケースだけではなく、ベンダとしての顧客への向き合い方を評価しています。

ドメイン3, 4に該当する質問

このドメインに該当する質問の対応は、ソリューションエンジニアの傾聴スキルが最も発揮されます。このドメインに該当する質問は顧客の課題解決とはあまり関係がなく、質問者個人の興味やその場の空気作りの意味合いが強いことがほとんどです。

質問はファン、またはそもそもプロジェクトに関与していない人から挙がることが多く、技術的に難易度の高いものから低いものまで様々です。

大切なことは、顧客の課題解決とはあまり関係がないと分かっても、質問をないがしろにしないことです。相手がファンであろうが誰であろうが、顧客側の利害関係者でありプロのビジネスパーソンであることに変わりはありません。

プロのビジネスパーソンからの質問に対して、耳を貸すことなく聞き流して、ぞんざいに扱うことはご法度です。どんなに課題解決と無関係な質問を受けたとしても、まずは質問を挙げてくれた相手に対して敬意を払うべきです。

かつ、ソリューションエンジニアも含めて、人には1日24時間しか与えられていないことも事実です。このドメインの質問対応に、ドメイン1や2の質問対応と同じ労力や時間をかけることは得策ではありません。

その場では「ご質問いただき、ありがとうございます」と前置きして、相手の質問の意図を、失礼のない態度で聞くことが大切です。相手から返ってきた質問の意図がビジネス上の意図を持ったものであれば、その質問はドメイン3, 4からドメイン1, 2に移管されることになります。

予想どおり、質問はドメイン3, 4に該当すると分かった場合は、ソリューションエンジニアは次のように答えるとよいかもしれません。

承知しました。ご期待に沿った回答ができるどうかも含めて、一度社内で検討させてください。回答の期限をお約束することは控えさせてください。

顧客はベンダの向き合い方を評価している

デモでのQ&Aのやり取りを通じて、顧客はソリューションエンジニア個人だけでなく、ベンダとしての向き合い方を評価しています。顧客によって評価ポイントはまちまちかと思いますが、次のポイントは多くの顧客が持っているベンダの評価ポイントかと思います。

1. 受けた質問の内容や意図を正確に理解しようと努めているか
2. どんなに些細な質問でも聞き流すことなく受け止めているか
3. 回答期限をその場で設定しているか
4. 発言内容に「いいえ」や「できない」が含まれているか

特に1については、特定領域の専門性を持っているソリューションエンジニアだからこそ対応できるポイントです。相手から受けた質問の内容や意図を正確に理解するためには、受けた質問から、「ご質問の内容は○○と理解したのですが正しいでしょうか?」のように、自分自身の理解を相手に示しながら深掘りする必要があります。

自分の理解があいまいだったり、技術的にピントがズレている内容だったりすると、相手は「この人、うちの会社のことを理解していないのかな」と疑問を抱きます。

デモのプロセスだけでなく、エンゲージメントの準備や顧客課題の発掘のプロセスでも常に顧客のことを調査して、顧客の課題に関係する技術スキルや傾聴スキルをアップデートとすることが大切です。

発言内容に「いいえ」や「できない」が含まれているかどうかも、顧客にとっては重要な評価ポイントの一つです。営業担当者やその他のベンダ側の利害関係者は、顧客の前で「いいえ」や「できない」と発言することを躊躇する人もいるかもしれません。

しかしながら、顧客は事実をもとに自社にとって最適な選択肢を探しています。事実を可能な限り包み隠さず顧客に伝えて、顧客に最適な課題解決策を示すことは、ソリューションエンジニアのミッションの一つです。

本節のまとめ

1. Q&A管理の質はエンゲージメントの行方を左右する。ソリューションエンジニアは、顧客の質問を適切に理解して適切に管理すべきである。
2. 全ての質問が同じ重要度ではない。質問の内容や意図を詳細に確認して、意図に沿った回答を準備する。
3. ドメイン3，4に該当すると思われる質問も、意図によってはドメイン1，2に移管される。ないがしろにしない。
4. 顧客はベンダの向き合い方を評価している。顧客の前で「いいえ」や「できない」と言わないベンダは信頼されない。

Chapter 6

実証実験

6.1 ソリューションエンジニアリングのゴール

実証実験で技術的な勝利を勝ち取る

Chapter2で述べたことの繰り返しになりますが、ソリューションエンジニアリングの最も重要で根源的なゴールは「技術的な勝利」です。技術的な勝利とは、顧客の課題を解決するための技術的なビジョンや要件を可能な限り詳細に定義して、それらのビジョンや要件を実現できることを証明することです。

実証実験は技術的な勝利を勝ち取るための手段

実証実験に進んでいるということは、ベンダはデモのプロセスで、顧客の課題を自社のSaaSソリューションで解決できることを証明済みであることを意味しています。

顧客にとっては、課題を解決できることを証明できていたとしても、その解決方法の具体的なやり方や前提条件が分かりません。顧客・ベンダの双方が、実証実験を行うことで課題解決の具体的なやり方や前提条件を全て洗い出し、やり方や前提条件が現実的なものであることを明らかにする必要があります。

実証実験に限らず、エンゲージメントの全てのプロセスで行う活動には何らかの目的があり、目的を達成するために複数の手段があります。複数の手段はあくまで手段であって、目的ではありません。事前に、顧客・ベンダの双方が目的を口頭ではなく、文書として明示しておくことが大切です。

ベンダ側の進め方を顧客に明示する

顧客・ベンダの双方が、実証実験の目的に合意して明示的に文書化できることが理想ですが、現実はそう簡単にはいかないことがほとんどです。

SlackやEmailでやり取りしたり、Zoomなどでオンラインの会議を持ったりして実証実験の目的について協議しますが、何回協議を重ねても双方が目的を定義できないことがあります。

顧客・ベンダの双方が実証実験の目的を簡単に定義できない主な理由を次に挙げます。

1. 顧客が、ベンダの実証実験の進め方や姿勢が見えていなくて不安に感じている
2. デモで課題を解決できることをある程度証明できたが、完全な証明にはなっていない
3. 顧客・ベンダの双方が課題を深く理解していない

1のケースは、ベンダ側の実証実験の進め方を実証実験開始前に明示することで、不安を払拭できます。実証実験の目的、タスク、各々のタスクの期限と主担当、体制と責任範囲が明記された、実証実験計画書を作成・説明します。

後掲する**図6.1.1**は実証実験計画書のサンプルです。

デモに完璧な証明を求めてはいけない

2のケースは、顧客がデモに完全な証明を求めていることの示唆です。顧客の課題をSaaSソリューションで解決できることをデモで完全に証明することが理想ですが、現実は完全に証明できることは稀です。

建前上、デモは顧客・ベンダ双方が能動的に参加する活動ですが、実態はデモを推進するソリューションエンジニア他、ベンダ側の数名が能動的に参加していて、顧客側の参加者の能動の程度はまちまちです。

かつ、デモで実証できることはあくまでハイレベルな顧客の課題解決のアプローチで、課題解決の詳細なやり方について前提となる条件ま

実証実験の目的

課題解決に必要な六つのユースケースについて、貴社のAWS・Azure・GCP環境で実現できることを確認する

CSPM	クラウド環境の設定ミスを検出して各々を優先順位付けする
CWPP	幅広いワークロードのリスクを検出する
DSPM	ストレージに暗号化されずに保管されている機密情報を検出する
CI/CD Scan	CI/CDツールと連携してソフトウェア成果物のリスクを検出する
API Security	クラウド環境のAPI やドメインのリスクを検出する
Container	Container管理ツール ～ Image までリスクを検出する

タスク	担当者	期日
実証実験キックオフ	弊社	9月x日
成功基準、タスク、責任、期日の合意	貴社	9月x日
クラウド環境とSaaSの接続、スキャン開始	貴社	9月x日
リスクモニタリング、インシデント対応	貴社	9月x日
Q&A対応、製品ロードマップセッション	弊社	9月x日
リスクレビュー、実証実験の評価	弊社	10月x日
正式契約に向けたクロージング計画の合意	貴社	10月x日
実証実験テナントの閉鎖	弊社	10月x日

前提条件

- ✔ 実証実験中にインシデントを発見した際は弊社から貴社ご担当者様にSlackでご連絡いたします。
- ✔ インシデントの対応は貴社の責任範囲といたします。
- ✔ 正式契約に向けたクロージング計画のタスクは詳細な日時をご提示いただくこととします。

図6.1.1　実証実験計画書サンプル

で洗い出すことは不可能です。詳細なやり方や前提となる条件を洗い出すためには、実証実験が必要です。

3のケースは、実証実験に進むことに対する黄色信号です。これまでにミーティングおよびデモを行って、顧客の課題や解決のビジョンについて顧客・ベンダ双方が合意しているはずですが、お互いがいまいち腑に落ちていないまま実証実験に進んでも、成功する確率は極めて低くなります。この場合は課題発掘からやり直すべきです。

複数人の協力とツールが必要

実証実験はエンゲージメントの中で最もコストがかかるプロセスです。顧客側からもベンダ側からも複数人の協力と、各種ツールやドキュメントを必要とします。

ソリューションエンジニアは、実証実験のタスクを遂行するために必要な社内の人員、実証実験用のSaaSソリューションテナント、顧客とのコミュニケーションに利用するツールや各種必要なドキュメントを事前に準備します。

実証実験に必要なヒト

実証実験中に、顧客からSaaSソリューションそのものに関する詳細な質問が挙がってくることが予想されます。ソリューションエンジニアは、自らSaaSソリューションを開発しているわけではないため、SaaSソリューションそのものの詳細な仕様や技術的な前提までも把握できているわけではありません。

SaaSソリューションそのものに関する詳細な質問に対して、相手の期待値に合った適切なレベルの回答を作成するためには、SaaSソリューションを開発している部門の協力が不可欠です。

ソリューションエンジニアは、SalesforceなどのCRMツールを常に最新の状態にアップデートしておき(**図6.1.2**)、

- どの見込み顧客とどの規模の商談を進めていて、
- 今どのフェーズにいて、
- いつまでに実証実験を完了させる見込みなのか

を、SaaSソリューション開発部門を含む社内の利害関係者に共有しておくことが大切です。

商談履歴

- ✔ ○月○日：セキュリティチームA様、B様向けにデモを行い、課題解決のアプローチについて双方の認識にズレがないことを確認、実証実験に進むことで合意
- ✔ ○月○日：セキュリティチームA様、B様と1時間のミーティングを持ち、課題をヒアリング。クラウド環境（AWS・Azure・GCP）の資産把握およびリスク管理に課題を持っており、○月頃を目処にSaaSソリューションの導入を検討していることを確認

実証実験の目的

六つのユースケース（CSPM、CWPP、DSPM、CI/CD Scan、API Security、Container）について、AWS・Azure・GCP環境で実現できることを確認する

実証実験の状況

- ✔ お客様のクラウド環境と接続完了・スキャン中
- ✔ 一部誤検知およびバグと思われる事象を確認
- ✔ ○部にて原因調査中

実証実験の状況

- ✔ ○月○日に環境構築完了
- ✔ ○月○日に環境閉鎖予定

図6.1.2　Salesforce商談レコードサンプル

実証実験の目的やタスクの範囲によっては、ベンダだけでなくサービスプロバイダの協力が必要な場合もあります。特に、実証実験のタスクの範囲に、SaaSソリューションに直接関連しないタスク（手順書作成など）が含まれている場合は、サービスプロバイダの担当者とも事前に認

識をすり合わせておきます。

営業担当者や他のソリューションエンジニア、上司に実証実験の内容を報告しておくのは言うまでもありません。ソリューションエンジニアのほとんどは、大なり小なり組織に所属しているかと思います。組織に所属しているビジネスパーソンであれば、上司および関連部門への報告は必須の任務です。

実証実験に必要なモノ

Chapter2で述べていますが、実証実験の過程で、関係者各々の仕事の進め方、考え方の癖、個性、才能といった、よりパーソナルな特性が明らかになるケースは少なくありません。人は各々異なる個性と才能を持っています。その異なる個性と才能を一つにまとめ、目的達成に向かって一枚岩になれるかどうかが、実証実験を成功させるための大きなカギになります。

実証実験において、ソリューションエンジニアは顧客・ベンダといった複数の利害関係者の管理者です。異なる個性と強みと責任を持った複数の利害関係者をまとめ、一枚岩にすることが出発地点になります。

一枚岩とするためには、適切なツールが不可欠です。次に、顧客およびベンダ内の関連部門とのコミュニケーションに必要不可欠なツールを紹介します。

1. SlackやTeamsのようなコミュニケーションツール
2. Confluence、Miro、Notionのようなプロジェクト管理ツール
3. Jiraのようなバグ・イシューチケット管理ツール
4. ZoomやTeamsのようなオンラインミーティングツール

1は言うまでもなく重要です。私個人の好みもありますが、Slackは必須ツールです。現在でも、Emailを社内外のコミュニケーションツールとして利用している人は多いと推測しますが、SlackとEmailでは意思疎

通のスピードが格段に変わります。

2も重要です。特に実証実験では、デモでの質問よりも技術的に深い質問が多く挙がってきます。個々の質問の回答状況を複数の利害関係者で共有するために必須のツールです。

3は、実証実験中に発生する、SaaSソリューションのバグや何らかのイシューを、テクニカルサポート部門や開発部門へ連絡するために必要なツールです。一昔前までは、バグやイシューをSlackやEmailを使って、断片的に各部門に報告しているケースをよく見かけましたが、複数のプロジェクトを同時並行で管理している多忙な相手に、断片的な情報を報告しても、相手にとってはノイズにしかなりません。Jiraのようなツールを使って体系的に管理すべきです。

本節のまとめ

---

1. 実証実験は技術的な勝利を勝ち取るための一つの手段。手段はあくまで手段であって目的ではない。
2. ベンダ側の進め方を顧客に明示することで、顧客の不安は払拭できる。
3. デモに完璧な証明を求めてはいけない。課題解決の詳細なやり方を実証するためには実証実験が不可欠。
4. そもそもお互いが課題を深く理解していない場合は実証実験に進んではいけない。課題発掘からやり直す。
5. 実証実験を成功させるためには、複数人の協力と適切なツールが不可欠。SlackやTeamsのようなコミュニケーションツールは必須。

COLUMN

実証実験はやらないことが理想?

私も数年前までは、「実証実験はやらずに正式契約を取ることが理想!」と、社内外で声高に叫んでいました。理由は至ってシンプルで、実証実験は顧客・ベンダの双方にコストが発生するからです。デモや数時間のディスカバリーワークショップで、顧客の課題をSaaSソリューションで解決できること証明できれば実証実験は不要なはずです。

詳細は次節で触れますが、一般的に実証実験には顧客・ベンダ双方から複数人、数週間〜1カ月程度の期間にわたり関与することがほとんどです。場合によっては、ベンダ側のSaaSソリューション開発チームが同席する顧客とのミーティングを複数回持つこともあり、発生するコストは無視できるものではありません。

SaaSソリューションによっては、顧客が無償でアカウントをサインアップできて(フリーミアム)、ある程度の実証実験は顧客の裁量で実施することができるケースもあります。しかしながら、サイバーセキュリティ領域のSaaSソリューションは、顧客が無償でアカウントをサインアップできないケースがほとんどで、顧客が実証実験を行うためにはベンダの営業担当者にコンタクトする必要があります。

このような、フリーミアムからのパラダイムシフトを背景に、昨今はエンゲージメントの中で実証実験は必須のプロセスになってきたと感じています。

ソリューションエンジニアは、デモもディスカバリーワークショップも実証実験も、顧客の課題を解決できることを証明するための一つの手段として捉え、各々を実施する前に目的を明らかにするよう、顧客やその他の利害関係者に投げかけるべきです。

6.2 サクセスストーリー

実証実験は成功することが前提

前節で触れたとおり、実証実験には顧客・ベンダ双方の複数の利害関係者が一定の期間関わる活動です。利害関係者の数が多ければ多いほど、期間が長ければ長いほど、それだけコストが発生します。

会社経営は、投資したコストは必ず売上や利益として回収しなければなりません。投資ばかりで回収がないと、従業員に給料を支払うことも販管費を捻出することもできず、会社は倒産してしまいます。実証実験のプロジェクトも本質的には同じです。

実証実験は一大投資プロジェクト

次に、顧客側・ベンダ側から実証実験に参加する利害関係者の例を紹介します。

［顧客側］

- ☑ プロジェクト責任者
- ☑ 現場リーダー
- ☑ 現場スタッフ数名

［ベンダ側］

- ☑ ソリューションエンジニア
- ☑ ソリューションエンジニアが所属している部門の同僚

- ✔ ソリューションエンジニアリング責任者
- ✔ テクニカルサポート部門関係者
- ✔ 製品開発部門関係者
- ✔ 営業担当者
- ✔ 営業責任者

実証実験の期間は1カ月前後が一般です。顧客・ベンダ双方の複数の利害関係者が1カ月間労力をかけるということは、それだけの人件費が発生します。**図6.2.1**は、上記の利害関係者が1カ月の実証実験を実施した場合に発生する人件費の試算イメージです。

	利害関係者	単価	関与率	コスト幅
顧客	プロジェクト責任者	$$$$$$$$$$	50%	$$$$$
	現場リーダー	$$$$$$$$$$	80%	$$$$$$$$
	現場スタッフA	$$$$$$$$$$	100%	$$$$$$$$$$
	現場スタッフB	$$$$$$$$$$	100%	$$$$$$$$$$
	現場スタッフC	$$$$$$$$$$	50%	$$$$$
	現場スタッフD	$$$$$$$$$$	50%	$$$$$
ベンダ	ソリューションエンジニア	$$$$$$$$$$	50%	$$$$$
	SE同僚	$$$$$$$$$$	10%	$
	SE責任者	$$$$$$$$$$	10%	$
	テクニカルサポート	$$$$$$$$$$	20%	$$
	製品開発部門担当者	$$$$$$$$$$	10%	$
	営業担当者	$$$$$$$$$$	20%	$$
	営業責任者	$$$$$$$$$$	10%	$

図6.2.1　実証実験で発生する人件費の試算イメージ

ベンダ側には、人件費以外にもSaaSソリューションのコストが発生します。30日間無償で顧客に提供するということは、30日間分のサブスクリプション費用をベンダが負担することになります。

図6.2.1は、顧客側の現場スタッフが4人のケースですが、現場スタッフの人数や1人の関与率が高くなればなるほどコストが発生します。実証実験は、顧客・ベンダの双方に莫大な投資が発生する一大投資プロジェクトであることを、利害関係者全員が認識しなければなりません。

目的と前提条件を事前に合意する

一大投資プロジェクトであれば失敗は絶対に許されません。開始前に成功することをゴールとし、そのゴールに達するために適切な目的と前提条件を明確に定義して、顧客・ベンダ双方が合意することが不可欠です。

実証実験に限らず、複数の利害関係者が同一のゴールを目指す活動は、目的と前提条件さえブレなければ、活動中に致命的な事象が発生しない限り、失敗は極力避けることができると考えています。

前提条件を定義する際のポイントは、必要以上に細かな前提を設けないことです。SaaSソリューションは、ソフトウェア開発者がプログラミング言語で実装したソフトウェアです。ソフトウェアにバグはつきもので、開発者が意図したことを100%忠実に再現するソフトウェアは世の中に存在しません。必ず何らかの動作不良に遭遇します。

前提条件に記載する内容は、この前提が崩れてしまうとそもそも実証実験の目的が達成できないレベルの大前提のみにとどめておき（**図6.2.2**）、SaaSソリューションの動作不良を含む、予期せぬ出来事に対応できるバッファを設けておくと、顧客・ベンダ双方の首を締めることなくスムーズに実証実験を進めることができます。

前提条件

- ✔ 実証実験中にインシデントを発見した際は、弊社から貴社ご担当者様にSlackでご連絡いたします。
- ✔ インシデントの対応は貴社の責任範囲といたします。
- ✔ リスクレビュー、実証実験の評価には、プロジェクト責任者の方が同席いただくこととします。
- ✔ 正式契約に向けたクロージング計画のタスクは、詳細な日時をご提示いただくこととします。
- ✔ ~~SaaSソリューションで誤検知と思われる事象が発見された場合は、弊社にて調査を行い、発見より24時間以内に詳細をご報告いたします。~~

↑誤検知なのでは？ と疑義を持つ顧客のスキルレベルにより、誤検知と思われる事象の発生件数は変わる。このレベルの前提は記載しない方が無難。

図6.2.2 前提条件の例とポイント

ゴール達成までのストーリー：序盤

実証実験を成功させることをゴールとして、ゴールを達成するための目的と前提条件が明確になったら、ゴールに到達するまでのストーリーを描いて実行します。

アジャイルソフトウェア開発の格言の一つに「小さな失敗を早めに経験する」があります。これは、重厚長大な計画を予め設定するのではなく、実際に動く小さなソフトウェアを素早く試して小さな動作不良を早めに発見し、軌道修正を繰り返すことで、後から発生する取り返しのつかない大きな失敗を回避できることを意味しています。

実証実験の管理も、この格言と同等の考え方が当てはまります。初めから何らかの動作不良や予期せぬ出来事が起きることを想定して、それらの予期せぬ出来事を早めに経験することで、実証実験のゴールを達成するための致命的な障壁を作らないようにします。

次に、サイバーセキュリティSaaSソリューションの実証実験で起こりうる、予期せぬ出来事の例を紹介します。ソリューションエンジニアはこれらの事象は必ず起きるものと仮定して、事象を円滑に回避するための策や社内の体制を事前に持っておくことが大切です。

- ✔ 顧客のクラウド環境との接続がうまくいかない
- ✔ 誤検知やデータの不整合
- ✔ SaaSソリューションの応答性能が著しく低い
- ✔ 公式ドキュメントの品質が顧客の求めるレベルに達していない

顧客のクラウド環境との接続がうまくいかない

この事象は、サイバーセキュリティに限らず多くのSaaSソリューションで起こりうる事象です。特に、顧客のクラウド環境上で稼働する資産（EC2など）にエージェントを導入するタイプのSaaSソリューションでは、エージェントの導入に失敗することがよくあります。

この事象に遭遇した場合、または遭遇しそうな予感がする場合は、実証実験のキックオフで顧客と合意したタスクとは別に顧客側の現場担当者と個別に共同作業の時間を設けて、エージェントの導入や顧客クラウド環境との接続の検証作業を行うことをおすすめします。

ソリューションエンジニアは、顧客との共同作業の前に自分が管理しているサンドボックス環境を使い、事前に検証作業を行いながら共同作業が円滑に進むよう、準備します。同時に、社内のSlackなどを利用して、過去に同様の事象に遭遇した同僚がいないか、回避策を持っているかどうかを調査しておきましょう。

ここでは、顧客側から共同作業に参加する人を必要最小限に限定することがポイントです。共同作業は検証の目的が強いため、必ず事象が回避できるとは限りません。仮に、共同作業の場にプロジェクトの責任者やリーダーが同席していて事象が回避できないとなると、顧客に大きな負のインパクトを与えてしまう恐れがあります。

また、顧客・ベンダの双方が完璧な結果を求めないことも大切です。仮に、顧客のクラウド環境の技術的な制約が原因で、全体の20%のEC2にエージェントを導入することができなくても、80%はカバーできます。実証実験の目的が次の場合、100%カバーできていなくては達成できない明確な理由はないはずです。

[目的]

六つのユースケース(CSPM、CWPP、DSPM、CI/CD Scan、API Security、Container)について、AWS・Azure・GCP環境で実現できることを確認する

これは、目的を事前に合意することが大切な具体的な理由の一つです。物事に100%はないため、完璧にこだわり過ぎると前には進みません。

誤検知やデータの不整合

誤検知とは、サイバーセキュリティの世界での「取り越し苦労」を指します。サイバーセキュリティSaaSソリューションは、顧客のクラウド環境で起きている設定ミスや怪しいと思われる振る舞いなどから、「サイバー攻撃が発生しているので直ちに対処せよ」といった趣旨の警告を顧客のセキュリティ担当部門に上げます。

警告の中には、クラウド環境の設定ミスや怪しいと思われる振る舞いは確認されてはいるものの、実害には直結しない些細なことであるケースが多々あります。これらを誤検知と呼んでいます。

誤検知が多過ぎると、顧客のセキュリティ担当者は実害に直結しないノイズのような警告に苛まされて、「重要な資産をサイバー攻撃から守る」という本来のミッションの達成を阻害されることになります。これは顧客にとっては致命的なことで、実証実験に大きなインパクトを与えることになります。

本節で定義している実証実験の目的は、「六つのユースケース(CSPM、CWPP、DSPM、CI/CD Scan、API Security、Container)について、AWS・Azure・GCP環境で実現できることを確認する」です。そのため、誤検知は目的達成に直接は影響しないように見えますが、実際は顧客の利害関係者には大きな負のインパクトを与えます。

ソリューションエンジニアは、プロアクティブに誤検知やデータの不整合を探して、発見した場合はそれらを開発部門に報告してプログラムの修正などの何らかの対策を促すべきです。ポイントはプロアクティブに動くことです。顧客が先に発見し、指摘を受けてから行動するのでは、顧客からしたら「先に対応してよ」という印象を持つでしょう。

実証実験は成功したものの、SaaSソリューションの誤検知やデータの不整合が原因で、顧客が他のベンダとの実証実験を行うことを決断することはあります。そのベンダのSaaSソリューションは誤検知が少なく実証実験の目的も達成できたため、顧客はそのベンダのSaaSソリューションと契約、自分達の商談は失注で終了となったケースを、私も多く経験してきました。

誤検知やデータの不整合をゼロにすることは不可能ですが、ソリューションエンジニアがプロアクティブに行動して、顧客に与える致命的な負のインパクトを最小化することは可能です。

ソリューションエンジニアだけでは回避できない事象

SaaSソリューションはSoftware as a Serviceです。ベンダ側のクラウド環境で稼働するソフトウェアを複数の顧客に提供しているため、応答性能が著しく低下する可能性はゼロではありません。年に1回程度の確率で発生する応答性能の低下を経験した顧客に大きな負のインパクトを与えてしまい、顧客の体験を大きく損ねてしまうこともあるかと思います。

このようなケースを回避するためには、顧客の期待値を管理することが不可欠です。例えばSaaSソリューションの性能低下の場合、顧客に次のような説明をすることで、期待値を適切に管理できるかと思います。

[説明]

実証実験用のテナントにつき、割り振られているクラウドの資源(CPUやメモリ)に限りがあり、発生している。正式契約後は契約書で定義しているSLAを担保できる資源を割り振るため、著しく応答性能が低下することはない。

公式ドキュメントの品質が一定レベルに達していない場合でも、動画やブログを用意して、YouTubeやnoteなどのSNSに案内することができます。公式ドキュメントとは別のコンテンツで、顧客の期待に近いものを提供することが可能です。

ゴール達成までのストーリー:中盤〜終盤

小さな事象を早めにあぶり出して一つ一つ解決することで、顧客側の現場担当者とソリューションエンジニアの間の壁が低くなり、一つの目的に向かって動くチームが形成されます。このチームのメンバーを徐々に増やし、実証実験の終盤までに顧客側の利害関係者全員を適切なタイミングで巻き込むことで、実証実験のゴール達成が近づきます。

ポイントは、顧客側の適切な利害関係者を適切なタイミングで巻き込むことです。実証実験の中盤から終盤のタイミングで巻き込むべき顧客側の利害関係者は、次のとおりです。

- ☑ チャンピオン
- ☑ 敵対者

チャンピオンについては既に触れていますが、チャンピオンの定義について、もう一度説明しておきましょう。チャンピオンは、「ベンダに代わって、顧客組織内の複数人の利害関係者にSaaSソリューションの価値を証明してくれる人」です。

細かなギャップも洗い出せたし、ギャップは管理できるレベルのため、今のところ実証実験は順調ですね。

敵対者の定義は、「実証実験のゴール達成に直接関与していなくて、かつ予期せぬ出来事に必要以上に執着する人」です。

応答性能の低下が気になる……。ベンダさんはたまたま運悪く発生しただけって言っているけど、本当かなぁ?

敵対者は悪意を持っているわけではない

ソリューションエンジニアは、ストーリー序盤で小さな事象をあぶり出し、顧客側の現場担当者と共同でそれらの事象を解決しています。そのため、この時点で現場担当者の多くを味方につけていると思われます。味方の中にはチャンピオン候補者も敵対者も含まれています。

ソリューションエンジニアは、敵対者または敵対者と思われるペルソナを、実証実験ストーリーの中盤までにあぶり出して巻き込むことが大切です。

敵対者は、SaaSソリューションの予期せぬ出来事に必要以上に執着するペルソナです。既に解決している、または他の現場担当者と協議して妥協点が決まっている事象に対しても、完璧を求めて議論を蒸し返す傾向にあります。

人の考えややり方は千差万別で、絶対的な正解も不正解もありません。敵対者の考えややり方も、時には正解にも不正解にもなります。大切なことは、敵対者の意見に真摯に耳を傾け、適切な妥協点で合意することです。

一般的に、敵対者の多くは実証実験のゴール達成に直接関与していない、現場担当者のケースがほとんどです。現場担当者は、SaaSソリューションの技術的な良し悪しの見極めをミッションとしているため、細かな動作不良まで敏感になっています。悪意があって、一度終わった議論を蒸し返しているわけではありません。

繰り返しになりますが、SaaSソリューションは、ソフトウェア開発者がプログラミング言語で実装したソフトウェアです。ソフトウェアにバグはつきもので、開発者が意図したことを100%忠実に再現するソフトウェアは世の中に存在しません。

ソリューションエンジニアは、この疑いようのない事実をもとに、敵対者に真摯に向き合って、お互いの妥協点を作ることを意識すべきです。

既に発生した事象については、原因も解明していて、原因の一つに顧客側のクラウド環境の技術的な制約もある、この問題は、実証実験完了後に対策を検討することもできる、といった建設的な議論を進めることで、敵対者の共感を得ることもできると思います。

徐々に輪を広げて全員を取り込む

敵対者と妥協点を合意できたら、次に意識することはチームの輪を広げ、チャンピオンを巻き込むことです。チャンピオンは顧客組織内のソリューションエンジニアです。顧客組織内にソリューションエンジニアが多くいれば、それだけ実証実験のゴール達成は近くなります。

ソリューションエンジニアは、エンゲージメントが始まっている時点で顧客側の利害関係者と何らかの接点を持っているはずです。しかしながら、実証実験中に明らかになったSaaSソリューションの良い点や悪い点、ベンダ側の姿勢に対して、一定レベルの敵対意識を持つ人もいるはずです。

人は日々進化する生物で、敵対者も1人の人です。昨日までは敵対者であった人でも、明日からはチャンピオンになることもあります。自分の意見にソリューションエンジニアが真摯に耳を傾けてくれたといった経験や感情を持つと、人は変わるかもしれません。

実証実験終盤までに、チームの輪を広げて全ての利害関係者をチームに取り込んで1チームになることが、実証実験のゴール達成には不可欠です。

図6.2.3は、サークルオブインフルエンス（チームの輪を徐々に広げるアプローチ）のイメージです。

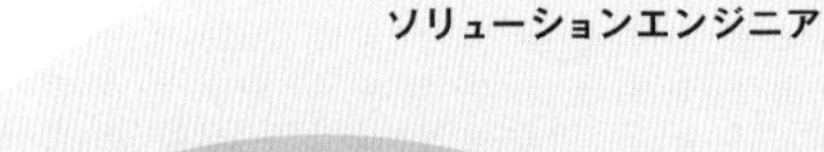

図6.2.3　サークルオブインフルエンス

本節のまとめ

1. 実証実験は顧客・ベンダにとって一大投資イベント。成功することを前提として、成功させるためのゴールや条件を逆算する。
2. 絶対に崩せない目的と前提条件は事前に合意する。合意がないまま開始してはいけない。
3. ゴール達成のストーリーを描く。ストーリーの序盤は、小さな失敗を早めに経験する。動作不良がないSaaSソリューションは世の中に存在しない。
4. ストーリー終盤は、チームの輪を広げて顧客の利害関係者全員を取り込む。

6.3 技術的な勝利を勝ち取る

目的は達成できて当たり前

顧客側の利害関係者を全員巻き込んで1チームを形成することに成功したら、最後は実証実験の結果を評価します。実証実験開始時に設定した目的は達成できることを前提としているため、この時点では、達成した目的プラスアルファを意識します。

具体的な要件を拾う

実証実験の中で挙がってくる顧客からの質問・意見・反論などから、実証実験開始前までに顧客自身が理解していなかった、課題解決に必要な具体的な要件が浮き彫りになってきます。特に、プロジェクト責任者や現場リーダーから挙がってきた質問や意見は、顧客が真に求めている具体的な要件のヒントが含まれているケースが多いと感じます。

実証実験中に発生した、予期せぬ出来事の報告ミーティングでのやり取りを見てみましょう。予期せぬ出来事は、パブリックアクセスが許可されていないS3バケットのリスクが検出できなかったことを、相手は現場リーダーを想定しています。

御社のクラウド環境にある、プライベートなS3のスキャンが失敗していた件につきまして、テクニカルサポート部門のエンジニアと協力して調査したところ、弊社側のチューニングにて回避できることが判明いたしました。

現在はチューニングを施していて、プライベートなS3についてもスキャンは正常に完了して、リスクを検出できています。

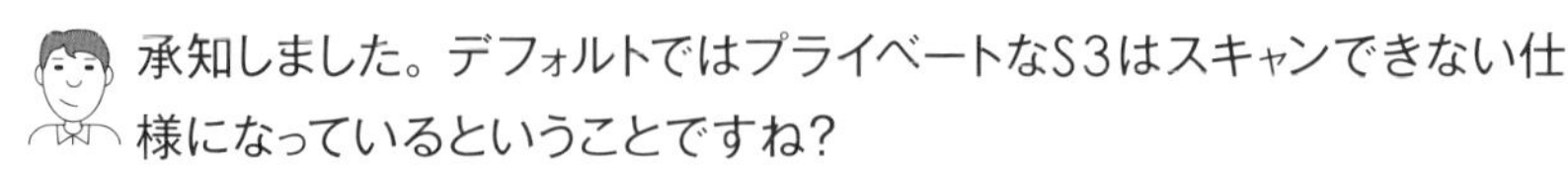

承知しました。デフォルトではプライベートなS3はスキャンできない仕様になっているということですね？

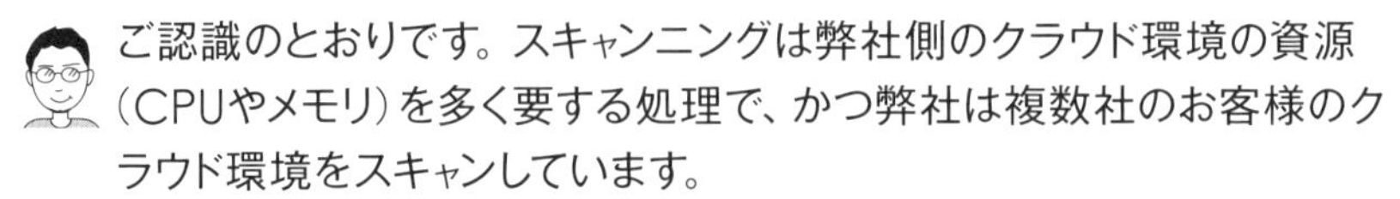

ご認識のとおりです。スキャンニングは弊社側のクラウド環境の資源（CPUやメモリ）を多く要する処理で、かつ弊社は複数社のお客様のクラウド環境をスキャンしています。

デフォルトでは、優先度が高いパブリックアクセスが可能なS3のみをスキャン対象とすることで、スキャンの成功率と処理速度を上げることに注力してします。

（まあ確かにそうだよな。あれもこれもスキャンしてたら失敗の確率も上がるし性能は落ちるよな）なるほど。

デモのときにも伺っていますが、御社はS3上にアプリケーションのコードから機密情報まで多くの重要な情報を保管しており、S3が極めて重要なクラウド資産の一つと認識しています。

今回発生した事象をもとに、既に弊社側のカスタマーサクセスチームと協議を進めていて、仮に正式ご契約いただいた場合、御社向けにはプライベートなS3をデフォルトでスキャンするように準備しています。

ありがとうございます。念のための確認ですが、そのチューニングによって費用が変わることはないですよね？

ございません。ご安心ください。

このやり取りで、顧客は目的の一つのユースケースになっているDSPM（機密情報を検出してリスクを報告するユースケース）を、最も優先度の高いユースケースとしていることが分かります。

S3に関する会話は、既にデモの時点で相手と持っていて、相手がS3のスキャンに対して敏感になっていることも分かっています。ソリューションエンジニアは、その会話をもとに、相手に「S3のスキャンが重要なのですか？」と質問することなく、自らの言葉で「相手にとってS3のスキャンは重要」として、重要な要件に対する策をプロアクティブに打っています。理想的な対応です。

最も重要なことを初めに報告する

課題解決に関する具体的な要件が浮き彫りになったら、実証実験の結果報告の場では、その具体的な要件に対する実現方法をハイライトし、顧客が最も関心を持っていることに焦点を当てることが大切です。

図6.3.1は、実証実験報告書のサンプルです。

図6.3.1の例では、スライド1で実証実験の目的が問題なく達成できたことを明記しています。

さらにスライド2で、顧客が気にしているプライベートS3に対するスキャンについてデフォルトで対応することを明記し、顧客が最も気にしていることに対してもクリアできることを約束しています。

スライド3では、スキャンの結果、顧客の先にいる顧客のEmailアドレスが危険な状態で保管されていることを検出していることを明記しています。これは、実証実験開始前では顧客も気づいていなかったことで、プラスアルファの結果になっています。

ソリューションエンジニアは、実証実験の報告を一通り終えたら、顧客の反応を確認します。反応を確認して、大きな認識の齟齬がないことが分かったら、顧客のプロジェクト責任者に「実証実験の目的は達成されたと認識している。異論はないか?」と尋ねて、双方の合意形成を促します。合意形成が成されれば技術的な勝利です。

報告文

実証実験を通じて、目的を達成できることを確認いたしました。

図表

六つのユースケースについて、AWS・Azure・GCP環境で実現できることを確認済み

1. ~~CSPM~~
2. ~~CWPP~~
3. ~~DSPM~~
4. ~~CI/CD Scan~~
5. ~~API Security~~
6. ~~Container~~

報告文

S3が極めて重要なクラウド資産の一つと認識しています 。
パブリックS3のみならずプライベートS3につきましても、スキャンできる体制を整えています。

図表

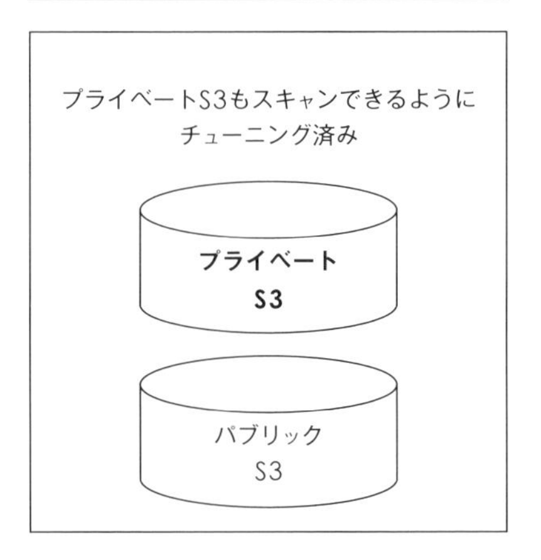

図6.3.1　実証実験報告書のサンプル

報告文	図表
プライベートS3をスキャンした結果、貴社のお客様のEmailアドレスが暗号化されずに保管されていることが判明しました。 攻撃者に不正に搾取されてしまう可能性が高いため、直ちに対応することを推奨いたします。	

報告文・タスク状況

正式ご契約締結に向けたクロージング計画をご提示いただきたくお願いいたします。

~~実証実験キックオフ~~	~~弊社~~	~~9月x日~~
~~成功基準、タスク、責任、期日の合意~~	~~貴社~~	~~9月x日~~
~~クラウド環境とSaaSの接続、スキャン開始~~	~~貴社~~	~~9月x日~~
~~リスクモニタリング、インシデント対応~~	~~貴社~~	~~9月x日~~
~~Q&A対応、製品ロードマップセッション~~	~~弊社~~	~~9月x日~~
~~リスクレビュー、実証実験の評価~~	~~弊社~~	~~10月x日~~
正式契約に向けたクロージング計画の合意	**貴社**	**10月x日**
実証実験テナントの閉鎖	弊社	10月x日

技術的な勝利の後

ソリューションエンジニアリングの根源的なゴールである「技術的な勝利」が達成されても、正式契約が約束されたわけではありません。顧客からすると、自社ベンダ以外の選択肢も未だ残っています。

ここからはエンゲージメントのクロージングに向けて、自社ベンダ以外をいかに迅速に選択肢から外すことができるかを検討します。

顧客は未だ複数の選択肢を持っている

次に示すのは、実証実験が成功してエンゲージメントのクロージングに入る段階で、一般的に顧客が持っていると思われる選択肢です。

1. 自社ベンダと正式契約を締結する
2. 別のベンダとの実証実験を加速して評価する
3. 何らかのSaaSソリューションへの投資を見送る

ソリューションエンジニアや営業担当者が検討することは、2や3を顧客の選択肢から外すことです。3については、大半が営業担当者の責務となるため、本書では詳細を割愛します。

2は十分に考えられる選択肢です。一般的に、顧客が何らかの投資プロジェクトを推進する際は、複数のベンダを比較検討した上で、自社にとって最適な選択肢を選択します。

実証実験を成功させて技術的な勝利を勝ち取ったとしても、顧客は複数のベンダと実証実験のプロジェクトを推進していて、未だ他のベンダが残っている可能性があります。同時に、実証実験が成功しているということは、自社ベンダが正式契約の手前にいるとも考えられます。

顧客は、正式契約の手前にいるベンダに対して主に次の内容を詳細に確認し、正式契約に支障がないか否かを検証します。このプロセスを滞りなく完了することで、2の選択肢は限りなくゼロになります。

- ✔ SaaSソリューションのライセンスパッケージの内容の再確認
- ✔ 正式契約後のカスタマーサクセスチームの体制とサービスレベルの内容詳細の再確認

人は誰しも、何らかの大きな判断を下す際に、その判断に何らかのリスクはないのか？ といったことに敏感になります。Chapter3でエンゲージメントは採用面接と同じと述べましたが、顧客はこの段階で、採用面接でいうリファレンスチェックを求めています。その候補者（＝自社ベンダ）を本当に採用してもよいか否かを判断しようとしています。

ライセンスパッケージの内容を再確認する

顧客課題の解決に必要なユースケースが明らかになっていても、いざ正式契約したSaaSソリューションのパッケージにそれらのユースケースを利用できる権利が含まれていなかったら、顧客が求めているユースケースは提供できません。

ライセンスパッケージに顧客が求めているユースケースを利用できる権利が含まれているかは、正式契約前に必ずチェックすべきです。特に、顧客側の経営層が最終承認者になっていて、最終承認者がエンゲージメントに直接関与していないケースは注意が必要です。

経営層は、得てして数字のみで何かを判断しようとするバイアスを持っていることが多く、安価なライセンスパッケージを選択するケースが少なくありません。選択した安価なライセンスパッケージに、本来顧客が必要としているユースケースを利用できる権利が含まれていなければ、本末転倒です。

図6.3.2はライセンスパッケージの例です。実証実験の目的は、「六つのユースケース（CSPM、CWPP、DSPM、CI/CD Scan、API Security、Container）について、AWS・Azure・GCP環境で実現できることを確認する」でした。この例では「エンタープライズ」が適切なパッケージです。

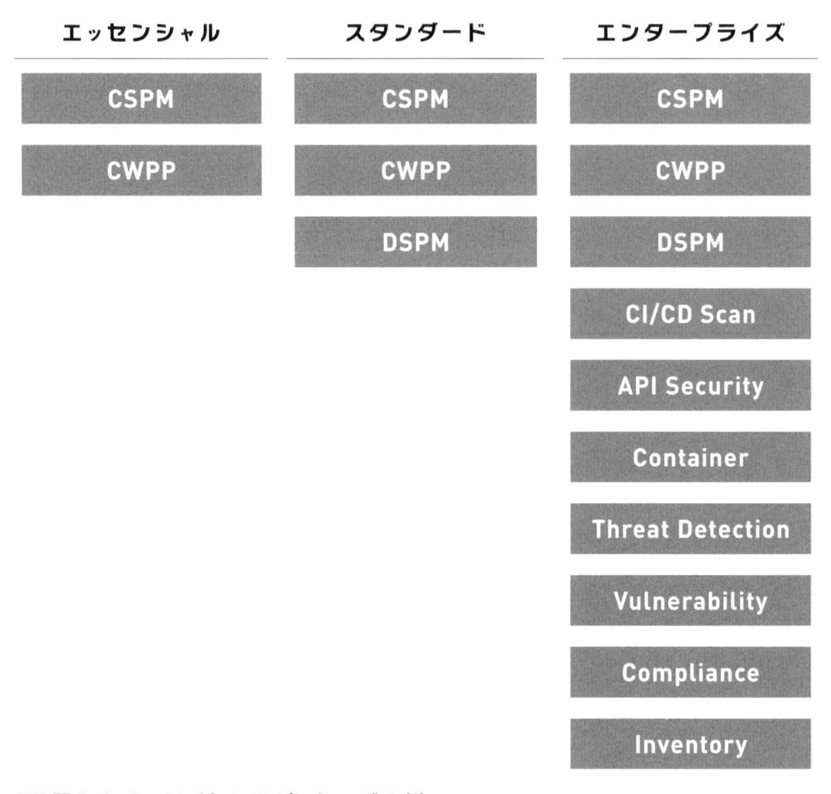

図6.3.2　ライセンスパッケージの例

カスタマーサクセスチームの体制とサービスレベル

顧客にとってカスタマーサクセスチームは正式契約締結後の窓口で、SaaSソリューションを利用した課題解決のプロジェクトが開始した後に発生する全ての問題や要望の相談先になります。

詳細はChapter8で述べますが、顧客にとっては、SaaSソリューションを正式に契約してからが本当の意味での課題解決プロジェクトの始まりです。正式契約締結後にアサインされるカスタマーサクセスチームの体制や提供されるサービスレベルは、顧客が推進する課題解決のプロジェクトの行方に大きく影響します。

ソリューションエンジニアは、カスタマーサクセスチームの体制やサービスレベルについて、事前に当該チームの責任者やアサインされる予定のカスタマーサクセスマネージャ（カスタマーサクセスチームの顧客担当者）と詳細を協議し、提案内容を顧客に説明します（**図6.3.3**）。

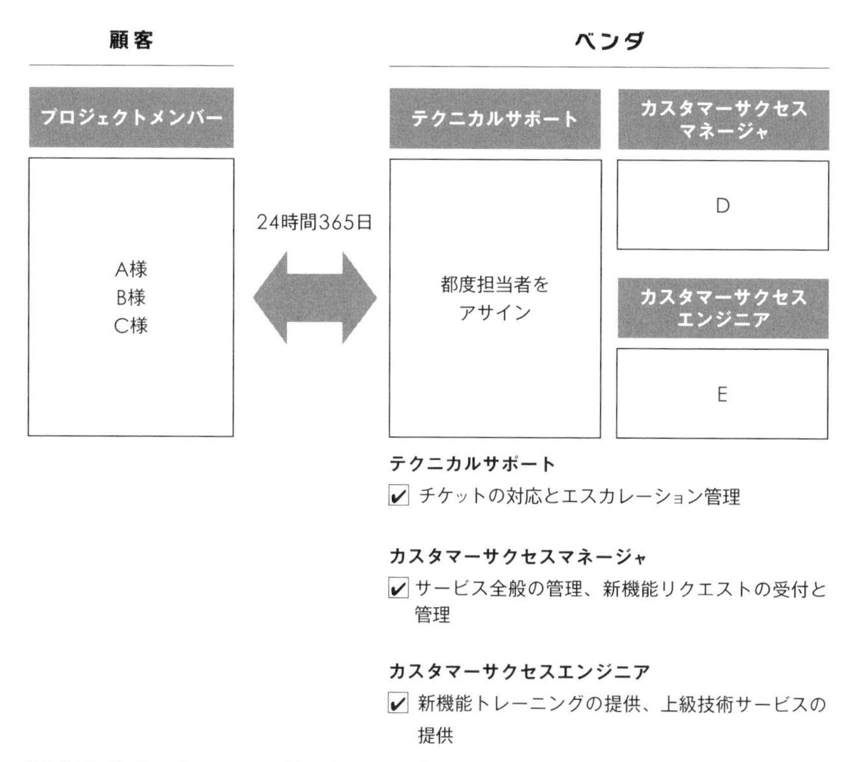

図6.3.3　カスタマーサクセスサクセスチームの体制

一般的に、人は過去の体験を何らかのサービスに対する判断基準とします。顧客は、実証実験で体験したベンダからのサービスと同等のサービスを、正式契約後にもベンダ側に期待しています。

実証実験のプロセスでは提供されたサービスがカスタマーサクセスチームからは提供されない、またはサービスは提供されるがサービスの質が顧客が期待しているレベルにない、といったことが起きると、顧客の満足度は下がってしまいます。

ソリューションエンジニアは、カスタマーサクセスチームと密に連携して、実証実験で提供したサービスの内容や、実証実験の結果、特に顧客が期待していることを詳細にすり合わせ、正式契約後に発生しうる、顧客とベンダ間の期待値の乖離を可能な限り小さくすべきです。

本節のまとめ

1. 目的は達成できて当たり前。プラスアルファを意識して顧客の期待を超える。
2. 実証実験報告の場では、顧客が最も着目していることを報告する。あまり関係のないことには触れない。
3. 技術的な勝利を勝ち取った後も、顧客は未だ複数の選択肢を持っている。先回りして不要な選択肢を外す。
4. 人は大きな判断を下す際にリスクに敏感になる。ライセンスパッケージや、カスタマーサクセスチームの体制を詳細に確認・すり合わせて、顧客が感じているリスクを最小化する。

Chapter 7

クロージング

7.1 エンゲージメントを閉じる

会社に約束したことを死守する

実証実験で技術的な勝利を勝ち取って、さらに顧客が持っていた自社ベンダ以外の選択肢を全て外したら、エンゲージメントの最終プロセスであるクロージングに入ります。クロージングは主に営業担当者が主導するプロセスで、ソリューションエンジニアは、営業担当者が会社に約束している売上金額と期日を確実に守ることができるよう、技術的な観点でサポートします。

相互クロージング計画

クロージングのプロセスで営業担当者が注力していることは、顧客側の誰がいつどんな会議体の場で、SaaSソリューションの発注に対する承認が行われるかを詳細に把握することです。欧米のセールスフレームワークではMutual Closing Plan(顧客・ベンダが相互に実施するクロージング計画)と呼ばれることが一般的です(**図7.1.1**)。

1. 稟議資料部内レビュー会	貴社・A様	10月x日
2. 稟議資料最終化	貴社・A様	10月x日
3. ご発注正式承認ワークフロー開始	貴社・B様	10月x日
4. ご発注正式承認ワークフロー完了	貴社・C様	10月x日
5. 正式ご発注	弊社・D	11月x日
6. 正式ご発注書受理・テナント作成	弊社・E	11月x日
7. サービス開始	N/A	11月x日
8. カスタマーサクセスキックオフ	弊社・F	11月x日

図7.1.1　相互クロージング計画サンプル

相互クロージング計画は、エンゲージメントの初期段階で顧客と合意することが理想ですが、実態はクロージングの段階でようやく文書化・合意されるケースが多いと感じています。

ソリューションエンジニアは、営業担当者が相互クロージング計画を作成するにあたり技術的な観点でサポートしながら、顧客・ベンダの双方にとって現実的で意味のある相互クロージング計画を作成できるようにすべきです。

リスクを未然に防ぐ

顧客側には、クロージングの段階になって初めてエンゲージメントに関わる利害関係者もゼロではありません。SaaSソリューションが提供するユースケースによっては、顧客側の利害関係者が複数の部署にまたがることもあります。

営業担当者がエンゲージメントの初期段階で全ての利害関係者を把握しておいて、エンゲージメントの全てのプロセスで、全ての利害関係者と何らかの接点を持っておくことが理想です。しかし、利害関係者の中には、ベンダとのコンタクトを敬遠する人も少なくありません。

営業担当者が最も恐れていることの一つに、クロージングの段階で初めて登場してきた利害関係者から、既に完結しているテーマを蒸し返される、というのがあります。「我々が必要としているユースケースはカバーできるのか?」や「そもそも実証実験のゴール設定は正しかったのか?」など、今更聞きたくない質問が出ることも考えられます。

営業担当者の主導のもと、相互クロージング計画が文書化され、顧客と合意されたら、ソリューションエンジニアは相互計画に記載されている個々のタスクの行間を先読みし、前述したような計画を完了するためのリスクを未然に把握し、潰すことを意識します。

例えば**図7.1.1**の相互クロージング計画では、一番目のタスクとして「稟議資料部内レビュー会」が10月x日に計画されています。ソリューションエンジニアは、10月x日の前に顧客側のチャンピオンに個別に連絡を取り、このレビュー会に関する次の情報を把握しておきます。

- ☑ ゴールとアジェンダ
- ☑ 出席者
- ☑ レビュー対象の稟議資料

これらの情報をもとに、レビュー会ではどの利害関係者からどんな質問や意見が挙がる可能性があるかを推測して、事前にチャンピオンとすり合わせておきます。

チャンピオンは顧客の内情を知り尽くしているため、ソリューションエンジニアが推測していることが的を射ているのか、単なる取り越し苦労なのか、エンゲージメントに関わっている利害関係者の中で誰よりも正確に判断できると思います。

完結したテーマを蒸し返さない

クロージングのプロセスでは、SaaSソリューションの年間サブスクリプション金額の最終合意などの細々としたタスクも含まれるため、営業担当者は顧客と密に連絡を取っています。営業担当者にとって、顧客との電話やSlackでの会話、会議での会話は常に緊張感を伴うもので、神経過敏になっていることが予想されます。

クロージングの会議には極力出席しない

電話やSlackのやり取りで完結できることもあれば、内容によっては、Zoomで複数人が集まって話す必要があることもあるかと思います。

ソリューションエンジニアが意識すべきことは、クロージングでの会議には極力出席しないことです。特に、「あの機能はライセンスに含まれているのか?」や「あの機能の詳細をもう一度確認した方がよいのでは?」といった会話は、顧客側でよくなされている会話です。

ソリューションエンジニアがクロージングの会議に参加していると、顧客側の出席者から技術的な質問が挙がってきてしまい、合意したはずの相互クロージング計画が狂ってしまう恐れがあります。クロージングでの会議の主導は営業担当者に任せて、ソリューションエンジニアは極力会議に出席しないことが得策です。

営業担当者の中には、クロージングの会議で挙がる可能性がある顧客からの技術的な質問に自分一人では対応できないため、ソリューションエンジニアを同席させる考えを持っている人もいます。営業担当者も各々強みや個性を持っているので、やり方は様々です。

もし、営業担当者が、ソリューションエンジニアにクロージングの会議に同席してほしいと依頼してきたら、ソリューションエンジニアは営業担当者に、このように投げかけるとよいかもしれません。「その会議の目的とトピックスは何ですか?」

クロージングの会議の目的は、「サブスクリプション契約書の最終合意」や「サービス開始日の最終合意」など、ビジネスのクロージングに関連する目的であるはずです(**図7.1.2**)。これらの目的を達成するための個々のトピックスに「技術的なQ&A」がリストアップされるのは、営業担当者もおかしいと感じるはずです。

会議の目的

サブスクリプション契約内容の最終合意形成を図る

トピックス

- ✔ サブスクリプション契約書読み合わせ(15分、営業担当者・A氏)
- ✔ 質疑応答 (10分、出席者全員)
- ✔ 最終合意形成(5分、出席者全員)
- ✔ ~~技術的な質問と応答~~ ⬅このトピックスは目的達成に不要

図7.1.2 クロージングの会議例

常に平常心で冷静に

顧客から技術的な質問が挙がることは、顧客がソリューションエンジニアをアドバイザーとして信頼していることの証であるため、質問が挙がること自体は喜ばしいことです。顧客は、何らかの疑問やちょっとした悩みが出た際に「彼・彼女に相談してみよう」という気になっています。

古くは「トラステッドアドバイザー」といった表現が一般的だったかもしれません（**図7.1.3**）。私も過去に上司から、「顧客のことを誰よりも理解できる一番の相談相手になれ」と指導されてきました。これは今も通じる考え方です。顧客からすると、ベンダもサービスプロバイダも複数いて、相談相手は複数人いるはずです。しかし数ある相談先の中から一番に選ばれることは、ソリューションエンジニアが「トラステッドアドバイザー」として認定されている証拠です。

顧客から信頼されたら、誰でも良い気分になります。良い気分になって何となくクロージングの会議に出席して、予期せぬ技術的な質問を受けて相互クロージング計画が狂ってしまったら本末転倒です。ソリューションエンジニアは、顧客から信頼されていることと、相互クロージング計画を遂行することは別のことと捉えて、冷静に行動すべきです。

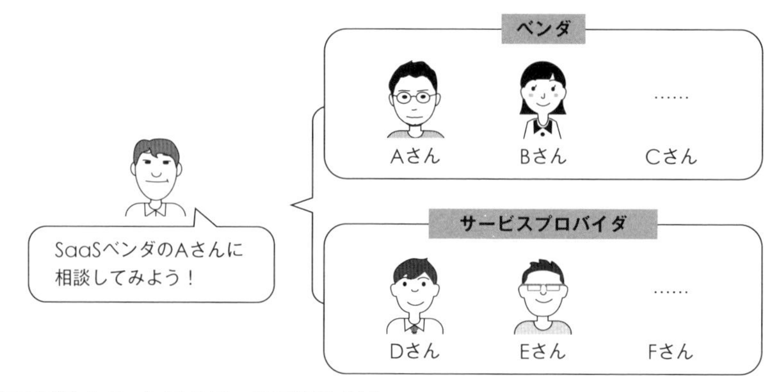

図7.1.3　トラステッドアドバイザー

契約前が全てではない

相互クロージング計画が顧客と合意され、クロージングの会議も穏便に進んでいたとしても、予期せぬ出来事が起きることもあるかと思います。営業担当者が会議の場で挙がった技術的な質問をうまくかわして、相互クロージング計画の阻害要因を全て排除できていれば問題はありませんが、技術的なテーマが残ってしまうケースもあります。

技術的なテーマが残ってしまった際にソリューションエンジニアが意識すべきことは、「その技術的なテーマを契約前までに完結しなければならない明確な理由はあるか?」です。

繰り返しになりますが、ソリューションエンジニアリングの最も重要で根源的なゴールは「技術的な勝利」です。技術的な勝利とは、顧客の課題を解決するための技術的なビジョンや要件を可能な限り詳細に定義して、それらのビジョンや要件を実現できることを証明することです。

仮に、クロージングのプロセスの中で既に完結している、または新たな技術的なテーマが挙がった場合、ソリューションエンジニアは営業担当者を含む社内外の関係者に、「その技術的なテーマを契約前までに完結しなければならない明確な理由はあるか?」と問うべきです。既に技術的な勝利を勝ち取っている状況で、この質問に「はい」と答えて、かつ明確な理由を端的に説明できる人はいないはずです。

契約前までに完結しなければならない明確な理由がないのであれば、契約後も含めた継続協議のテーマとすることが、顧客・ベンダの双方にとってリーズナブルなことかと思います。

本節のまとめ

1. 営業担当者が会社に約束している売上金額と期日を確実に守るために、ソリューションエンジニアは技術的な観点でサポートする。
2. 相互クロージング計画を文書化して顧客と合意する。理想はエンゲージメントの初期の段階で。
3. チャンピオンと連携して、相互クロージング計画を遂行するためのリスクを未然に洗い出して潰す。
4. クロージングの会議には極力出席しない。完結したはずの技術的な質問が再発することはご法度。
5. 契約前が全てではない。契約前までに完結しなければならない明確な理由がないテーマは、契約後の継続協議対象とする。

COLUMN

顧客の稟議資料は開示されるのか？

私はこれまで何度も、クロージングの度に営業担当者や社内・パートナー様の関係者に、「稟議資料を開示してもらいましょう」と提案して、ダメ出しを受けてきました。

「お客様が稟議資料を外部に公開できるわけがないだろ!」が大抵の反論です。反論はごもっともです。同時に、これらの反論は「顧客の稟議資料は外部に公開してはいけない」といった、一見するともっともらしいが論理的でない強いバイアスがかかっていることも事実です。私自身にも「論理的でない」といった無意識のバイアスがかかっています。

私の主張は、稟議資料に記載されている細かな予算計画や金額なども含めて開示してもらうことではありません。お客様が稟議を滞りなく進めるにあたり漏れている論点や説得力にかける点があれば、それらを補うためにベンダ側でできることを洗い出すために稟議資料を開示してほしい、というものです。

前例や一般常識を疑うことなく何かを判断することは愚かなことです。人は必ず、自分自身の過去の経験が何らかの判断に強い影響を与えているので、個人の過去の経験が全ての判断基準になりがちです。個人の過去の経験は過去のもので、未来永劫正しいわけではありません。お客様のためにソリューションエンジニアとして何ができるか？ を常に問うべきです。

7.2 顧客の課題解決プロジェクトを準備する

カスタマーサクセスチームへ繋ぐ

ソリューションエンジニアは、相互クロージング計画を滞りなく遂行できるように技術的な観点で営業担当者をサポートしながら、同時に、カスタマーサクセスチームへの引き継ぎを進めます。

顧客の課題解決プロジェクトをサポート

カスタマーサクセスチームのミッションは、SaaSソリューションを正式に契約した顧客に対して、顧客が元来SaaSソリューションに期待していたサービスが問題なく提供できているか、新たな課題を把握してそれらの解決策のアプローチを恒常的に提案して、顧客の課題解決プロジェクトのライフサイクル全般をサポートすることです。

ソリューションエンジニアはこれまでのエンゲージメントのプロセスで確認した、顧客がベンダおよびカスタマーサクセスチームに期待していることを中心に、カスタマーサクセスチームに引き継ぎます。カスタマーサクセスチームへの主な引き継ぎ事項は次のとおりです。

1. エンゲージメントの背景・顧客の課題
2. 顧客が求めているユースケース
3. 実証実験の内容と結果
4. 顧客側の利害関係者
5. 顧客がカスタマーサクセスチームに期待していること
6. 顧客と合意しているカスタマーサクセスサービスのレベル

特に4, 5, 6は、カスタマーサクセスチームと顧客にとって重要なポイントです。顧客がカスタマーサクセスチームに期待していることと、顧客と合意しているカスタマーサクセスサービスのレベルに乖離がないかどうか、カスタマーサクセスチームも含めて、最終契約締結前に再確認する必要があります。

また、顧客側の利害関係者の中に過度な期待を持っていたり、無理難題を要求してきたりする傾向の人がいないことは、カスタマーサクセスチームが顧客とのエンゲージメントを円滑に進めるために重要なテーマです。利害関係者の個性や仕事の進め方も含めて、詳細にカスタマーサクセスチームに伝達します(**図7.2.1**)。

顧客側の利害関係者

X氏	プロジェクト責任者。温厚なタイプで、建設的で現実的な問題解決のアプローチを取る。
A氏	現場担当者。ベンダに対してはニュートラルで、SaaSの技術的なポイントを体系的に理解している。
B氏	現場担当者。ベンダに対してやや好戦的な態度で、意図のない技術的な質問を投げてくる。
C氏	チャンピオン。ベンダの一番の理解者であり協力者。X氏が全幅の信頼をよせている。

カスタマーサクセスチームへの期待

- ✔ 実証実験中に、AWS Fargateについては現時点でリスク検出に制限があることが判明。
- ✔ 製品開発チームに対応リクエスト済み。2023年末のリリースにて対応予定。リリース予定の詳細時期の報告、およびリリース後の対応フォローを期待している。

顧客と合意しているカスタマーサクセスのサービスレベル

- ✔ テクニカルサポートは24時間365日。言語は英語のみになることを説明して了承済み。
- ✔ 専用のプライベートSlackチャンネルを開設して、緊急時は努力目標で対応することを説明して了承済み。

図7.2.1 カスタマーサクセスチームへの引き継ぎサンプル

技術的なテーマの対応計画を詳細化

カスタマーサクセスチームへ基本情報を漏れなくダブりなく伝達しながら、並行して、継続協議になっている技術的なテーマの対応計画を詳細化します。ベンダによってタイトルは様々ですが、一般的には「カスタマーサクセスエンジニア」や「ソリューションアーキテクト」といった職責が、正式契約締結後の技術的なテーマの担当者になります。

顧客から見たら、正式契約前であろうが後であろうが同じベンダになるため、正式契約前にソリューションエンジニアが主導していた技術的な活動と同等の内容やレベルの活動を、カスタマーサクセスエンジニアやソリューションアーキテクトに期待するはずです。

ソリューションエンジニアは、カスタマーサクセスエンジニアやソリューションアーキテクトに正式契約前から継続協議として挙がっている技術的なテーマを詳細に共有して、顧客が持っている期待に可能な限り正確に応えることができるように準備します。

図7.2.2はソリューションエンジニアとカスタマーサクセスエンジニアの比較です。違いは、正式契約前か後の技術的な活動に責任を持っているだけで、顧客の課題を理解して解決策を実証するという本質的なミッションは同じです。

ソリューションエンジニア	カスタマーサクセスエンジニア
ミッション 顧客の課題を解決するための技術的なビジョンや要件を可能な限り詳細に定義して、それらのビジョンや要件を実現できることを証明すること	**ミッション** 正式契約後に発生する新たな技術的な課題や、課題解決に必要な機能やユースケースを説明して、顧客にとってのSaaSソリューションの必要性を証明すること
主な活動 ✔ 課題発掘のヒアリング ✔ ディスカバリーワークショップ・デモ ✔ 実証実験	**主な活動** ✔ 新規機能やユースケースのトレーニング提供 ✔ 顧客プロジェクトのヘルスチェック

図7.2.2　ソリューションエンジニアとカスタマーサクセスエンジニアの比較

正式契約してからが本当の始まり

顧客は常に、複数のベンダやサービスプロバイダと何らかの接点を持っていて、他のベンダやサービスプロバイダから何らかの提案を受けています。自社ベンダのエンゲージメントは、顧客が進めている複数あるエンゲージメントの一つに過ぎません。

解約の危機はすぐそこ

多くの顧客は、SaaSソリューションの契約は年間契約とするケースがほとんどです。ベンダは顧客に何らかのインセンティブを与えて複数年契約を締結するよう促しますが、顧客にとっては、未だ実際に使って効果を体感していないSaaSソリューションに複数年投資することはリスクがあります。

Chapter1で触れたとおり、顧客から見たらSaaSソリューションは数え切れないほど存在して、各々が提供できるユースケースはほぼ無限にあります。「今回はこのベンダと年間契約を結ぶけど、来年の更新時は状況が変わっているはずだから再度選定にかけてみよう」といった心理が働きます。

つまり、ベンダ側にしてみれば、年次で解約の危機が訪れることになります。詳細はChapter8にて触れますが、ベンダはクロージングの段階から、顧客は常に他の選択肢を持っていることを頭に入れておく必要があります。

ソリューションエンジニアは顧客の代弁者

顧客の状況が常に変化することと同様で、自社ベンダの状況も常に変化します。SaaSソリューションはソフトウェアをサービスとして提供するビジネス形態です。ソフトウェア開発は常日頃行われています。

ソリューションエンジニアは、自社のSaaSソリューションの方向性や戦略、直近でリリースが予定されている新しい機能を常に把握して、顧客の課題解決に繋がると思われる情報を定期的に伝達するように努めるべきです。

SaaSソリューションは、不特定多数の顧客が求めているであろう、ある特定領域のユースケースを想定して開発されたソフトウェアです。特定の顧客が持っている特定の課題を解決することを念頭に開発されたソリューションではないため、顧客が持っている期待とSaaSソリューションの間には必ずギャップが存在しています。

このギャップを小さくするためには、顧客の声に真摯に耳を傾け続け、その声を社内の関係者に届け続けるしかありません。ソリューションエンジニアは顧客の課題解決策を組み立てることをミッションとしているのと同時に、製品開発部門など、社内の関連部門にとっての顧客の代弁者でもあります。

顧客の声のもととなっている背景や意図を正しく汲み取って、社内の関連部門に適切に伝達し、顧客の期待とSaaSソリューションのギャップを最小化できるよう努めるべきです。

顧客の声は、ソリューションエンジニアがSlackやEmailで断片的に騒ぎ立てていても、社内の関連部門に正確に伝え、関連部門の行動を引き起こすことはできません。顧客の声は然るべきツール（Jiraなど）で体系的かつ詳細にまとめて、誰が見ても背景や意図を理解できるように管理します（**図7.2.3**）。

日本における個人の機密情報検出対応 – 要望の背景

現在、A社と年間◯円規模の商談を進めており、◯月◯日に実証実験の報告会を実施し実証実験は成功で完了した。A社は、一般消費者向けにアルバイトや契約社員の求人サービスを提供しており、膨大な量の顧客の個人情報をクラウド環境で管理している。現状、日本における個人の機密情報(例/住所、氏名、マイナンバーカード番号)については検出対象外になっており、先方の期待と大きな乖離がある。

実装しなかった場合のインパクト

- ✔ B社やC社は、機能制限があるものの日本における個人の機密情報を検出するユースケースを提供しており、将来、顧客の選択肢の一つに入ってくることが予想される。
- ✔ 現時点で、本件が致命的なエンゲージメントの足かせにはならないが、将来的に大きなマイナスポイントになる可能性がある。

実装希望時期と理由

現在A社は、2024年4月にサービス刷新を計画している。このタイミングまでに対応できるとA社のビジネスにポジティブなインパクトを与えることができる。

同じ内容を要望している他の顧客

D社、E社

図7.2.3　新機能実装リクエスト

本節のまとめ

1. カスタマーサクセスチームのミッションは、顧客の課題解決プロジェクトのライフサイクル全般をサポートすること。ソリューションエンジニアは、これまでのエンゲージメントで得た内容を正確に伝えて、課題解決プロジェクトのサポートを準備する。
2. 技術的なテーマが残っていることを忘れてはならない。カスタマーサクセスエンジニアやソリューションアーキテクトと連携して、技術的なテーマの対応計画を詳細化する。
3. 顧客にとって、自社ベンダとのエンゲージメントは複数あるエンゲージメントの一つに過ぎない。解約の危機は迫っている。
4. ソリューションエンジニアは顧客の代弁者。永遠に埋まることのない、顧客の期待とSaaSソリューションのギャップを最小化するよう努めるべきである。

Chapter 8

カスタマーサクセス

8.1 顧客は複数のオプションを持っている

SaaSは永続的に使ってもらうことが前提

『THE MODEL（MarkeZine BOOKS）マーケティング・インサイドセールス・営業・カスタマーサクセスの共業プロセス』※1でも述べられているとおり、SaaSソリューションを提供するベンダには、ほぼ例外なくカスタマーサクセスチームが存在します。理由は、SaaSソリューションのようなサブスクリプションビジネスでは、顧客に長く継続的にサービスを利用してもらうことが、ベンダのビジネスに大きく影響するためです。

契約更新以外のオプションを消す

チームの中でも、カスタマーサクセスマネージャは最も重要な職責です。私は、カスタマーサクセスマネージャを、正式契約を締結した顧客に対する営業担当者と同等の職責と考えています。ベンダによって細かな違いはありますが、一般的にはカスタマーサクセスマネージャの評価指標は、契約更新の金額と解約率があるかと思います。

契約更新の金額の目標は、既に正式契約を締結している顧客が既存の契約金額を上回る額で次年度の契約を更新して、カスタマーサクセスマネージャに課せられた目標値を達成できているかです。

解約は一般的にはチャーンと呼ばれており、既に正式契約を締結している顧客が何らかの理由により次年度の契約を更新しないことです。カスタマーサクセスマネージャは、解約率を一定数までに抑えることを課せられていて、ベンダ側にとっては最も避けたいことの一つです。

顧客の周りには常に他のSaaSベンダがいて、顧客と共に何らかの課題発掘や課題解決のビジョン形成活動を行っています。それらの活動の結果、顧客はSaaSソリューションの更新が近づくと、下記のことを検討することが一般的です。

1. 現在利用しているSaaSソリューションの契約を更新する
2. 別のSaaSソリューションを再度評価検討する
3. SaaSソリューションの利用自体を廃止して内製で対応する

2や3の選択肢が現実的になってくると、既存契約を取っているベンダにとっては、それだけ解約の危険性が高くなります。ソリューションエンジニアはカスタマーサクセスマネージャや営業担当者と連携して、顧客が上記の2や3を選択する可能性を可能な限り低くすることを常日頃から意識すべきです。

SaaSソリューションは利用されないと意味がない

顧客がSaaSソリューションの更新が近づいたタイミングで、上記の2や3の選択肢を検討するのは、主に次の理由が考えられます。

1. SaaSソリューションをほとんど活用できていなくて、元来解決したかった課題は放置されている
2. 元来解決したかった課題の一部は解決できているが、ベンダの対応に不満を持っている
3. 別の重要な課題が顕在化してきて、元来解決したかった課題の優先順位が下がってきている

3のケースでは、カスタマーサクセスマネージャはカスタマーサクセスエンジニアやソリューションエンジニアと連携して、顧客が持っている、顕在化されてきた新たな重要課題について深掘りするよう努めます。

課題の深掘りの結果、新たな重要課題が自社のSaaSソリューションの新たにリリースされた機能やユースケースで解決できると分かったら、アップセル案件（SaaSソリューションのラインセンスの追加）のチャンスです。カスタマーサクセスマネージャは営業担当者と連携して、既存契約額を

上回る額での契約更新を交渉します。

1のケースの理由は様々ありますが、大抵は顧客側の体制や姿勢に問題があるケースがほとんどです。課題を解決するためにSaaSソリューションを契約したものの、いざ課題解決のプロジェクトが始まると、顧客側のSaaSソリューションに対する技術的な理解が不十分で、顧客側でプロジェクトを主導できないことはよくあるかと思います。

この状況を避けるため、カスタマーサクセスマネージャは、契約締結後すぐにキックオフコールを開催して、顧客がスムーズに課題解決のプロジェクトを主導できるようにフォローします(**図8.1.1**)。

本日の目的

SaaSソリューションのトレーニング計画を共有して、課題解決プロジェクトを円滑に推進するための準備を行う

トピックス

1. カスタマーサクセスチームの体制(5分、カスタマーサクセスマネージャ・A氏)
2. 課題解決プロジェクトマイルストーン(10分、顧客プロジェクト責任者・B氏)
3. サポートシステムからのチケットの起票方法(15分、カスタマーサクセスマネージャ・A氏)
4. 直近の新機能リリースロードマップまとめ(15分、カスタマーサクセスエンジニア・C氏)
5. 新機能トレーニングの開催・日程調整(10分、カスタマーサクセスエンジニア・C氏)
6. まとめ、次のステップ(5分、カスタマーサクセスマネージャ・A氏)

図8.1.1 カスタマーサクセスキックオフコールのサンプル

顧客が期待している内容とレベルを管理する

2のケースは、最も起こりうることで絶対にゼロにすることはできない永遠のテーマです。理由は簡単で、人の欲求には際限がないからです。顧客はベンダに対して、常に新しい内容やレベルのサービスを求めています。

カスタマーサクセスサービスを提供する中で、顧客のベンダに対する

期待や要求は常に変化して、契約締結時に合意したはずの内容やレベルとはかけ離れたものになることがあります。

ベンダに対する不満をゼロにすることは不可能ですが、顧客がベンダに期待する内容やレベルをコントロールして、限りなくゼロに近づけることはできるはずです。

ソリューションエンジニアは、カスタマーサクセスマネージャと連携して、顧客がカスタマーサクセスサービスに対して不満を持っていて契約更新に支障が出てきそうな状況を察知して、未然に対策することを心がけます。

COLUMN

できないことは約束しない

私もこれまで、既存の顧客から解約を申し受けてしまったことも、別のSaaSベンダの契約を解約いただき、新たに自社のSaaSソリューションを契約いただいたことも、どちらの経験も持っています。

後者の場合の大半は、顧客が既存のベンダに対してある一定期間以上の不満を持っていたことが原因だったと感じています。不満の矛先はSaaSソリューションそのものに対するものであったり、ベンダが提供するカスタマーサクセスサービスに対するものであったり、様々です。

ただし、顧客が不満を感じているからといって、できもしない要求に対して何でも「はい」や「やります」や「頑張ります」と答えることは無責任で、顧客の信頼を失うことになります。

顧客が不満を持っていたとしても、絶対にできないことには「できない」と答えて、顧客に過度な期待を持たせないことが大切です。

「できない」と答えた上で、「仮に○○であればここまでできる」や「今はできないが○○カ月後にはできる見込みがある」といった代替案を出しながら、顧客が期待する内容とレベルを管理することが大切です。解約の危機が迫っているからといって、できもしないことを顧客に約束してしまうと、顧客・ベンダの双方が不幸になるだけです。

ギャップは永遠に埋まらない

Chapter7でも触れたとおり、SaaSソリューションは、不特定多数の顧客が欲していると思われるユースケースを想定して開発されたソフトウェアです。個別の顧客の個別の課題や要件をもとに開発されたソフトウェアではないため、顧客の要件とSaaSソリューションには常にギャップがあります。

SaaSソリューションは課題解決策の一つ

永遠に答えることができない顧客からの問いに対して、SaaSソリューションだけで解を出そうとすることは得策ではありません。SaaSソリューションを提供するベンダだけでは、解が出ないことが明らかであれば、システムインテグレータやクラウドネイティブソフトウェア開発事業者など、サービスプロバイダと協業して顧客の期待に少しでも近づける策が考えられます。

特にサイバーセキュリティソリューションの場合、顧客の社内にセキュリティの専門家が少なく、実際にSaaSソリューションが検知するリスクを分析して、セキュリティインシデントに応答したり対応したりする、外部のマネージドセキュリティサービスプロバイダを必要としている顧客が少なくありません。

『Cyber Defense Matrix』※2でも提唱されているように、サイバーセキュリティ対策の後半のフェーズになればなるほど、SaaSソリューションのようなテクノロジでカバーできる範囲は小さくなり、反対に、マネージドセキュリティサービスのような人でカバーすべき範囲が大きくなることが一般的です（**図8.1.2**）。

このような要件を持っている顧客には、自社SaaSソリューションのユースケースに強いマネージドセキュリティサービスを提供しているサービスプロバイダと密に連携して、SaaSソリューションだけではなく、マネージドセキュリティサービスを含めたトータルなソリューションを提供することができます。

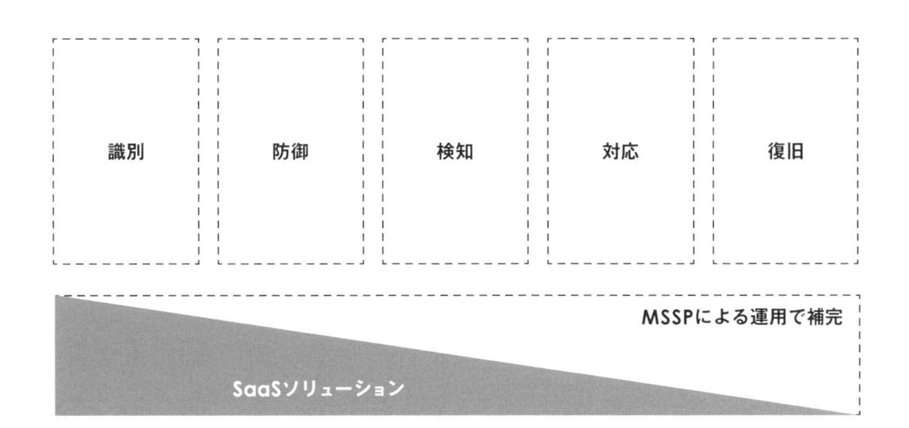

図8.1.2　トータルなセキュリティ運用ソリューション

SaaSソリューションは出来合いのソフトウェア

SaaSソリューションは「商用オフザシェルフなソフトウェア」です。商用オフザシェルフなソフトウェアとは出来合いのソフトウェアのことで、顧客はSaaSソリューションを契約すれば、コーディングなど、何らかのカスタマイズを行うことなくすぐに利用できます。

出来合いのSaaSソリューションは、契約したらカスタマイズを行うことなくすぐに利用できるというメリットがある反面、個別の要件には対応できないというデメリットがあります。

昨今のSaaSソリューションの多くは、外部のSaaSソリューションとの連携機能をデフォルトで持っているケースがほとんどです。顧客が一からカスタムコードを作成して実装しなければならないケースは少なくなってきました。

CNAPPのユースケースを提供するSaaSソリューションであれば、SIEMやTicketingなどのSaaSソリューションとの連携機能をデフォルトで準備していて、顧客はAPIキーの埋め込みなど、GUIの設定作業で外部のSaaSソリューションと連携実装できるようになってきました。

しかしながら、外部のSaaSソリューションも同じ商用オフザシェルフなソフトウェアのため、個別の顧客が持っている個別の要件に対しては、どんな連携を駆使したとしても必ずギャップが残ります。ギャップを埋めるためには、カスタムコードを作成するしか術はありません。

このようなケースは、クラウドネイティブソフトウェア開発事業者と連携して、SaaSソリューションだけでは埋めることのできないギャップをカスタムコード作成で埋める方法もあります。

ただし、カスタムコード作成は、新たなソフトウェアの脆弱性の温床にもなるため、注意が必要です。ギャップのインパクトがよほどのレベルでない限り、ギャップを許容する、または人手によるマニュアル運用でカバーするなど、代替案を選択する方が現実的なケースは多々あります。

本節のまとめ

1. SaaSソリューションは、顧客に永続的に利用してもらうことが前提。単年で解約されてしまっていては、ベンダにとってビジネスにならない。
2. カスタマーサクセスマネージャは正式契約後の営業担当者。顧客が解約を選ばないよう、先回りして解約の選択肢を消すよう努める。
3. SaaSソリューションは出来合いのソフトウェア。顧客の要求とSaaSソリューションの間には常にギャップがある。SaaSソリューション以外のソリューションも駆使してギャップを小さくすべきである。

8.2 顧客の期待を超える

顧客の課題に向き合い続ける

顧客が存在し続ける以上、顧客の課題は永遠に尽きることはなく、顧客の要求とSaaSソリューションのギャップは永遠に埋まることはありません。永遠に埋まることのないギャップに対する策を組み立てるには、顧客とベンダの双方が顧客の課題に向き合い続けるしかありません。

正式契約後も資格が必要

顧客が、自社の本当の課題は何なのか？ を常に考えて、課題発掘や解決のアプローチを探すために自ら行動を起こすような組織でなければ、顧客側にエンゲージメントを推進する資格はありません。

顧客の課題と解決のアプローチが明らかになったとしても、ベンダのSaaSソリューションが提供できるユースケースが、顧客が欲している課題解決のアプローチと大きくかけ離れていたり、ベンダが持っている戦略や将来のビジョンとも乖離があったりすると、ベンダ側にエンゲージメントを推進する資格がないことになります。

Chapter4の冒頭で、エンゲージメントを推進するためには、顧客・ベンダの双方が資格を持たなければならないと述べました。この考え方は、正式契約後を含む全てのエンゲージメントのプロセスに当てはまります。

ベンダには正式契約している顧客が複数いて、全ての顧客に対して同じレベルのカスタマーサクセスサービスを提供することは不可能です。ベンダ側のカスタマーサクセスチームは、ある一定の評価指標を設けて、その基準を満たす顧客を優先的にフォローすべきです。

一般的には次の指標があります。

1. 顧客の社会との接点の大きさ（年商）
2. 資金の流動性の高さ（流動比率やフリーキャッシュフローの状況）
3. 個々人ではなく組織として自社の課題に向き合う姿勢があるか

1や2は最も基本的な指標になります。顧客が、いくら自社の課題解決に組織として真剣に向き合う姿勢を持っていたとしても、絶対的な社会との接点が乏しかったり、SaaSソリューションに投資できる資金が少なかったりすれば、ベンダにとってのビジネスにはならないため、顧客側にエンゲージメントを推進する資格はありません。

この指標は、カスタマーサクセスマネージャや営業担当者が率先して評価すべきことです。得てして、顧客に最も近い位置にいるカスタマーサクセスマネージャや営業担当者は、顧客側の現場担当者の日々の苦労を目の当たりにしているため、情にほだされて惰性で動いてしまいがちかと思います。

ソリューションエンジニアは、カスタマーサクセスチームや営業担当者の対応状況を俯瞰してみて、惰性で動いているような点を発見したら、遠慮なく指摘したり代替案を提案したりすべきです。

課題は顧客が発見して解決すること

3は最も重要な指標です。1や2のように、有価証券報告書を確認すれば定量的に測ることができる指標ではないため、何をもってして自社の課題に向き合う姿勢を持っているか否かと断定することはできません。しかしながら、カスタマーサクセスサービスを提供する過程の顧客との色々な会話で、感じ取ることはできると思います。次はその会話例です。

（実装要望機能の一覧を説明した後）以上が、皆様からご要望いただいている、新規実装機能の対応状況です。アップデートがあり次第、随時ご案内いたします。

日本における個人の機密情報の検出機能は、いつリリースされるんですか？

……先ほどご案内したとおり、そのご要望は現在開発部門で実装工数の見積もりと人員計画を整理している状況です。

実装工数の見積もりと人員計画の整理って何ですか？ 早くリリースしてくれないと困りますよ。

……ご指摘ありがとうございます。ご要望は重々承知しております。同時に、弊社側の開発チームも複数の新規開発実装要件を対応しているため、実装工数の見積もりと人員計画は慎重に進める必要があります。

うちはお客様ですよ。お客様は神様ですよね？ 神様の言うことを聞けないんですか？

極端過ぎる会話例ですが、これは典型的な自社の課題に向き合っていない相手との会話です。日本における個人の機密情報の検出機能は、機密情報のパターンさえ明確になっていれば、機能の実装自体は簡単かと推測されます。問題は、カバーできるパターンの広さと検出の精度です。

郵便番号や電話番号はxxx-xxxx、xx-xxxx-xxxxなど、ある程度パターンが特定しやすいかと思いますが、住所などは東京都○○、埼玉県○○などパターン化することが困難で、検出機能の精度は落ちると推測されます。

ベンダとしては、実際の現場で使いものにならないレベルの機能をリリースすることは絶対に避けたいため、実装工数の見積もりには細心の注意を払うことが当然です。

顧客側でも、個人の機密情報を保管するストレージには、デフォルトで暗号化を有効にするポリシーを設けるなど、SaaSソリューションの機能だけに頼らない手立てはあるはずです。

上記の例では、相手の考えはSaaSソリューションの機能だけに向いていて、自社の根本的な課題に対してあらゆる角度で解決策を探す気概が見当たりません。よって、エンゲージメントを推進する資格はありません。エンゲージメントを推進する資格がない顧客と付き合い続けても、お互いが不幸になるだけです。解約も選択肢の一つです。

顧客の生の声を聴くチャンス

ベンダは、カスタマーサクセスサービスを提供する過程で、顧客の生の声を聞くことができます。これは営業担当者やソリューションエンジニアにとって、最も大きな学びや新たな気づきを得る機会になります。

顧客は幅広い視点を持っている

顧客の周りには、自社ベンダだけでなく常に複数のSaaSソリューションベンダが存在し、大なり小なり何らかの接点を持っています。顧客は、複数のSaaSソリューションベンダを様々な観点で常日頃から評価していて、各々の良し悪しを把握しようとしています(**図8.2.1**)。

カスタマーサクセスのプロセスは、顧客から見たベンダの良し悪しが最も明確になるプロセスです。SaaSソリューションが持つ機能やユースケースだけでなく、カスタマーサクセスチームや営業チームの顧客の課題に対する向き合い方は、顧客から見たら大きな評価ポイントになります。

特に、顧客は自社ベンダにとっての競合になるベンダとも接点を持っていて、競合ベンダの良し悪しについても一定の理解を持っているはずです。

ソリューションエンジニアにとって、カスタマーサクセスのプロセスで得る顧客の生の声は、これから起こるであろう、新たな顧客と持つ新たなエンゲージメントの良い準備材料になります。

	ベンダA	ベンダB	ベンダC	ベンダD
機能やユースケース	☆☆☆☆☆	☆☆☆	☆☆☆	☆
新機能のリリース頻度	☆☆☆☆☆	☆☆☆	☆☆☆☆☆	☆☆
戦略やビジョン	☆☆☆☆	☆☆☆	☆☆☆☆☆	☆☆☆
課題への向き合い方	☆☆☆☆☆	☆☆☆☆	☆☆☆	☆☆☆☆☆

図8.2.1　顧客から見たSaaSソリューションベンダの評価軸例

最終的には傾聴できるかどうかがカギ

顧客から自社ベンダに対する良いことも悪いことも含めたフィードバックを受けたとしても、フィードバックを受けた本人に聴く耳がなければフィードバックは意味を成しません。Chapter1にて、ソリューションエンジニアに必要なスキルセットの一つとして、傾聴スキルを挙げました。傾聴スキルは最も大切なスキルかもしれません。

傾聴はアクティブな行為で、相手の言葉に能動的に耳を傾け、相手の声の真意をできるだけ正確に把握することが目的です。相手の言葉を遮ってしまったり、脚色して理解してしまったりしては、傾聴とは言えません。顧客の声を聴く際は、自分の全神経を集中させるべきです。

同時に、全ての顧客の全ての利害関係者の声に、自分の全神経を集中させて聴くことは不可能です。明らかに自身の課題に向き合おうとしていなかったり、自分の過去の経験のみが正しいことを前提とした理論を振りかざしたり、感情的になっている人の声は聴く必要はないかもしれません。

自社の根本的な課題に向き合っていて、ベンダのソリューションエンジニアに対して、ある特定領域の専門性を駆使して課題解決策の組み立てをリードしてほしいと願っている顧客は数多います。資格を持っている顧客にのみに集中して、顧客の期待を超える成果を出すことを心がけるべきです。

本節のまとめ

1. 顧客の要求とSaaSソリューションのギャップは永遠に埋まることはない。顧客とベンダの双方が、顧客の課題に向き合い続けるしかない。
2. 正式契約後も、顧客・ベンダの双方が、エンゲージメントを推進する資格を持っていなければならない。双方に資格がなければ解約も一つの選択肢。
3. カスタマーサクセスのプロセスは、顧客の生の声を聴くチャンス。顧客は、ベンダにない幅広い視点を持っている。
4. 最終的には聴く耳を持てるかどうか。傾聴スキルはソリューションエンジニアにとって最も重要なスキル。

参考文献

はじめに

※1 "Great Demo! How To Create And Execute Stunning Software Demonstrations", Peter E. Cohan, iUniverse, 2005

※2 "Mastering Technical Sales : The Sales Engineer's Handbook, Third Edition", John Care, Aron Bohlig, Artech House, 2014

Chapter1　ソリューションエンジニアリングとは

※1『完訳 7つの習慣 人格主義の回復』、スティーブン・R・コヴィー、フランクリン・コヴィー・ジャパン訳、キングベアー出版、2013、p. 350

※2『地頭力を鍛える』、細谷 功、東洋経済新報社、2007、p. 96

※3 "Great Demo! How To Create And Execute Stunning Software Demonstrations", Peter E. Cohan, iUniverse, 2005, p. 1

※4 "Modern Cybersecurity : Tales from the Near-Distant Future", Mark Miller, Bryan Finster, Caroline Wong, Sounil Yu, Sushila Nair, Keyaan Williams, Yolonda Smith, Jennifer Czaplewski, JupiterOne Press, 2021, p. 67

Chapter2　セールスのプロセス

※1 "The Six Habits of Highly Effective Sales Engineers", Chris White, DemoDoctor, 2019, p. 70

※2 "Great Demo! How To Create And Execute Stunning Software Demonstrations", Peter E. Cohan, iUniverse, 2005, p. 9

Chapter4　顧客課題の発掘

※1 "Cyber Defense Matrix", Sounil Yu, JupiterOne Press, 2022, p. 3

※2『ニュー・ソリューション・セリング ～顧客と販売員をともに成功へ導く販売プロセスとは～』、キース・M・イーズ、岡 真由美訳、コンピュータ・エージ社、2005、p. 131

Chapter5 デモ

※1『さあ、才能に目覚めよう あなたの5つの強みを見出し、活かす』、マーカス バッキンガム、ドナルド O.クリフトン、田口 俊樹、日本経済新聞出版社、2001、p. 95

Chapter8 カスタマーサクセス

※1『THE MODEL(MarkeZine BOOKS) マーケティング・インサイドセールス・営業・カスタマーサクセスの共業プロセス』、福田 康隆、翔泳社、2019、p. 178

※2 "Cyber Defense Matrix", Sounil Yu, JupiterOne Press, 2022, p. 3

Index
索引

著者プロフィール

山口 央（やまぐち ひさし）

1975年埼玉県生まれ。東京理科大学卒業後、株式会社CIJに入社。現在の日本オラクル社の前身のサン・マイクロシステムズにて常駐技術サポート担当員としてキャリアを開始し、15年以上にわたりテクニカルセールス部門や新規事業部門の立ち上げに従事。2022年にOrca Security日本法人の第一号社員としてSr. Sales Engineerに就任し、日本および韓国におけるソリューションエンジニアリングを担当。

・LinkedIn
　https://www.linkedin.com/in/hisashi-yamaguchi-0b0b8713/
・note
　https://note.com/hisashiyamaguchi
・Qiita
　https://qiita.com/hisashiyamaguchi

ブックデザイン　　303DESiGN 竹中 秀之

ソリューションエンジニアの教科書

2023年9月21日　初版第1刷発行

著　　者　山口 央(やまぐち ひさし)
発 行 人　佐々木 幹夫
発 行 所　株式会社 翔泳社(https://www.shoeisha.co.jp)
印刷・製本　株式会社 加藤文明社印刷所

*落丁・乱丁はお取り替えいたします。03-5362-3705までご連絡ください。

*本書へのお問い合わせについては、2ページに記載の内容をお読みください。

ISBN978-4-7981-8133-2　Printed in Japan